大数据与人工智能技术丛书

U0662525

大数据可视化技术

（ECharts+Flask实现）（微课视频版）

董一兵　编著

清华大学出版社
北京

内 容 简 介

本书聚焦大规模数据的可视化需求，以"空气质量监测数据可视化平台"项目为主线，通过对项目实施全过程的介绍，使读者掌握数据可视化应用开发的全栈技术体系。全书内容共14章，包括数据可视化概述、项目概述、技术基础、ECharts详解、条形图、折线图、仪表盘、热力图、平行坐标图、雷达图、饼图、散点图、联动图表和一个综合项目——数据大屏。

本书内容采用模块化、递进式的方式进行组织，共包括9个基础项目和1个综合项目，每个项目又包含难度系数递增的若干子任务，内容由浅入深、层层递进，引导读者循序渐进地掌握数据可视化应用开发技术，在实践中加深对理论的理解，逐步提升知识应用水平。

本书可作为高等院校数据科学与大数据技术、数字媒体技术、大数据管理与应用等专业的教材，也可作为科研工作者、数据科学相关领域从业人员的参考书。

图书在版编目（CIP）数据

大数据可视化技术：ECharts＋Flask实现：微课视频版/董一兵编著. -- 北京：清华大学出版社，2025.9. --（大数据与人工智能技术丛书）. -- ISBN 978-7-302-69511-0

Ⅰ. TP31

中国国家版本馆 CIP 数据核字第 20255QD641 号

策划编辑：魏江江
责任编辑：王冰飞
封面设计：刘　键
责任校对：时翠兰
责任印制：刘海龙

出版发行：清华大学出版社
　　　　　网　　址：https://www.tup.com.cn，https://www.wqxuetang.com
　　　　　地　　址：北京清华大学学研大厦 A 座　　　　　　邮　　编：100084
　　　　　社 总 机：010-83470000　　　　　　　　　　　邮　　购：010-62786544
　　　　　投稿与读者服务：010-62776969，c-service@tup.tsinghua.edu.cn
　　　　　质量反馈：010-62772015，zhiliang@tup.tsinghua.edu.cn
　　　　　课件下载：https://www.tup.com.cn，010-83470236
印 装 者：三河市君旺印务有限公司
经　　销：全国新华书店
开　　本：185mm×260mm　　　　印　　张：17.25　　　　字　　数：417 千字
版　　次：2025 年 9 月第 1 版　　　　　　　　　　　印　　次：2025 年 9 月第 1 次印刷
印　　数：1～1500
定　　价：59.80 元

产品编号：098671-01

前　言

党的二十大报告指出：教育、科技、人才是全面建设社会主义现代化国家的基础性、战略性支撑。必须坚持科技是第一生产力、人才是第一资源、创新是第一动力，深入实施科教兴国战略、人才强国战略、创新驱动发展战略，开辟发展新领域新赛道，不断塑造发展新动能新优势。高等教育与经济社会发展紧密相连，对促进就业创业、助力经济社会发展、增进人民福祉具有重要意义。

近年来，随着感知式系统的广泛应用，数据量呈爆炸式增长，人类社会迅速步入"大数据时代"。鉴于数据资源的重大战略意义，我国将数据列为第五大生产要素，提出数据是赋能新质生产力的核心生产要素。然而，大数据具有价值密度低的特点，必须经过数据采集、标注、清洗、存储、加工、分析与可视化等一系列处理过程，其价值才能得到充分的激发和释放。在此过程中，数据可视化作为沟通人与数据之间"最后一公里"的桥梁，是促进数据价值释放的关键环节，发挥着至关重要的作用。在数据分析工作中，可视化通常被作为一种辅助分析的工具，用来帮助用户直观地了解数据的特征，快速发现数据中蕴藏的规律。

数据可视化技术是构建数据可视化应用的支撑技术，数据可视化应用通常是大数据应用系统或商业智能平台的客户端组件，负责通过图形接口向用户展示数据分析或智能决策的结果。ECharts是当前流行的数据可视化应用开发框架，最初由百度团队开源，目前已成为Apache的顶级项目。ECharts具有一些突出的特性，包括支持丰富的图表类型、交互控件和视觉编码手段，支持千万级、多维度数据的前端展现，支持多渲染方案和跨平台应用，支持数据驱动视图和无障碍访问等。ECharts在成为Apache孵化器项目之前，就已经是国内可视化生态领域的旗帜，为多个行业领域的多种场景提供了数据可视化解决方案。基于ECharts优异的性能和用户友好特性，我们选择它作为书中项目的前端框架。

本书简介

本书以"空气质量监测数据可视化平台"项目为主线，通过对项目实施全过程的介绍，使读者掌握数据可视化应用开发的全栈技术体系。本书主要内容可用"一个项目、两套框架、四个环节、四类关系、八种图表"予以概括。其中，"一个项目"是指空气质量监测数据可视化平台开发项目；"两套框架"是指ECharts和Flask，是构建基于MVT架构的动态数据可视化应用的核心框架；"四个环节"是指开发数据可视化应用所经历的四个关键技术环节，包括数据的抽取、转换、加载和渲染；"四类关系"是指数据可视化所关注的数据之间的关系，包括比较、分布、联系、构成四类；"八种图表"包括表达"比较"关系的条形图和折线图，表达"分布"关系的仪表盘和热力图，表达"联系"关系的平行坐标图和散点图，以及表达"构成"关系的雷达图和饼图。

本书内容

全书共14章。

第1章为数据可视化概述，主要介绍数据可视化的基本概念、主流的数据可视化应用开发框架及数据可视化常用的信息图表等内容。

第2章为项目概述，主要介绍"空气质量监测数据可视化平台"项目的基本情况，包括项目的需求和目标、系统架构、技术路线及环境依赖等内容。

第3章为技术基础，主要介绍数据可视化应用开发所依赖的支撑技术，包括 Web 前后端开发技术及数据接口开发技术。

第4章为 ECharts 详解，主要介绍 ECharts 的基础架构、常用组件及常用属性。

第5章为条形图，主要介绍条形图的概念、特点和应用场景，以及静态与动态条形图的设计与制作方法。

第6章为折线图，主要介绍折线图的概念、特点和应用场景，时间序列数据的基本概念与可视化方法，ECharts 时间型坐标轴及多坐标系网格的使用方法，以及静态与动态折线图的设计与制作方法。

第7章为仪表盘，主要介绍仪表盘的概念、特点和应用场景，ECharts 仪表盘的常用属性，以及静态与动态仪表盘的设计与制作方法。

第8章为热力图，主要介绍热力图的概念、特点和应用场景，ECharts 日历坐标系组件与视觉映射组件的基本用法，以及静态与动态热力图的设计与制作方法。

第9章为平行坐标图，主要介绍平行坐标图的概念、特点和应用场景，ECharts 平行坐标系与平行坐标轴组件的基本用法，以及静态与动态平行坐标图的设计与制作方法。

第10章为雷达图，主要介绍雷达图的概念、特点和应用场景，ECharts 雷达坐标系的基本用法，以及静态与动态雷达图的设计与制作方法。

第11章为饼图，主要介绍饼图的概念、特点和应用场景，以及静态与动态饼图的设计与制作方法。

第12章为散点图，主要介绍散点图的概念、特点和应用场景，静态与动态散点图的设计与制作方法，以及三维散点图的制作方法。

第13章为联动图表，主要介绍联动图表的概念、特点和应用场景，ECharts 时间轴组件的基本用法，以及静态及动态联动图表的设计与制作方法。

第14章为数据大屏，是一个综合性的数据可视化应用开发项目，主要介绍数据大屏的概念、特点和应用场景，数据大屏设计的一般原则、流程和基本方法，以及静态与动态数据大屏的设计与制作方法。

本书特色

（1）前沿导向、高端定位。聚焦大数据可视化需求，基于流行的 MVT 架构，培养读者面向数据密集型应用的架构设计与整合开发能力。

（2）项目驱动、理实交融。以"空气质量监测数据可视化平台"项目为主线，引导读者深刻理解各类信息图表的特性，并掌握大数据可视化应用开发的全栈技术体系。

（3）循序渐进、稳步提升。知识体系采用模块化、递进式的方式进行组织，内容发展由浅入深、层层递进，带领读者逐步实现从入门到精通的跃迁。

读者对象

本书可作为高等院校数据科学与大数据技术、数字媒体技术、大数据管理与应用等专业的教材，也可作为科研工作者、数据科学相关领域从业人员的参考书。

配套资源

为便于教学,本书提供丰富的配套资源,包括教学大纲、教学课件、电子教案、程序源码、在线作业、习题答案和微课视频。

资源下载提示

课件等资源：扫描封底的"图书资源"二维码,在公众号"书圈"下载。

素材(源码)等资源：扫描目录上方的二维码下载。

在线自测题：扫描封底的作业系统二维码,再扫描自测题二维码,可以在线做题及查看答案。

微课视频：扫描封底的文泉云盘防盗码,再扫描书中相应章节的视频讲解二维码,可以在线学习。

致谢

本书是 2021 年度河北省高等教育教学改革研究与实践项目(2021GJJG175)及 2023 年度河北省创新创业课程"大数据应用综合实践"的建设成果。项目组成员(曾辉、吴方元、杨盈盈、郑雯利、董瀚文、姜秀华、张冬冬、张艺曼、孙雨桐、杜秋瑾、郭华、康想想、段依丹、叶一帆、王林彤、吕振洋、田子豪)在资源建设及文字校对方面开展了大量工作,在此一并表示感谢! 同时,在本书的撰写过程中参阅了诸多文献资料,得到了多方面的支持,在此谨向数据提供者、清华大学出版社负责本书编辑出版工作的全体同仁,以及关心和支持本书撰写工作的专家、学者们致以诚挚的谢意。

意见与反馈

由于作者水平有限,书中疏漏之处在所难免,敬请各位专家读者不吝批评指正。

董一兵

2025 年 7 月

目　录

第 1 章

数据可视化概述

学习目标

(1) 了解数据要素与数据科学的基本概念。

(2) 了解数据可视化的基本概念与发展历程。

(3) 了解数据可视化的基本流程。

(4) 了解数据可视化应用的基本概念。

(5) 了解主流的数据可视化应用开发框架。

(6) 了解数据可视化常用的信息图表。

1.1 初识数据可视化

1.1.1 数据要素与数据科学

数据是符号的集合,是用于表示客观事物的未经加工的原始素材,例如,数字、符号、图形、图像等都是不同形式的数据。数据具有无限增长的特性,在人们的日常生活和生产过程中,无时无刻不在产生数据,尤其是近年来,随着感知式系统的广泛应用,数据量呈现爆炸式增长,使得人类社会迅速步入了"大数据时代"。鉴于数据资源的重大战略意义,很多发达国家都将大数据提升为国家战略。我国更是将数据列为第五大生产要素,提出数据是赋能新质生产力的核心生产要素。2022 年 12 月 2 日,在《中共中央国务院关于构建数据基础制度更好发挥数据要素作用的意见》中,首次将数据与土地、劳动力、资本、技术等传统要素并列为要素之一,提出要完善数据要素市场体制机制。2023 年 12 月 31 日,国家数据局等 17 部门联合印发《"数据要素×"三年行动计划(2024—2026 年)》,提出要推动数据要素高水平应用,释放数据要素价值。

数据价值释放的前提是数据资产化。数据资产化,即将原始数据转变为能为企业带来经济利益的资产,是一项复杂的系统工程,需要综合利用电子科学、计算机科学、统计学、经济学、管理学等多学科方法,并经过数据采集、标注、清洗、存储、加工、分析与可视化等一系列处理过程,才能推动数据向资产转化,激发和释放数据价值。目前,研究这种综合性方法的学科被称为"数据科学"，是一门新的交叉学科。数据科学倡导"数据驱动"的研究范式，旨在帮助科学家和工程师解决尺度、复杂度超越已有工具适用范围的全局问题，为提炼科学原理、验证科学假设、服务科学探索提供了一种新思路。

1.1.2 数据可视化

在计算机学科的分类中，利用人眼的感知能力，对数据进行交互的可视表达以增强认知的技术，称为可视化。可视化本质上是一种认知工具，它将不可见或难以直接显示的数据转换为可感知的图形、符号、颜色、纹理等，目的是增强数据的识别效率。在数据分析工作中，可视化通常被作为一种辅助分析的工具，用来帮助用户直观地了解数据的特征、快速发现数据中蕴藏的规律。因此，科学、合理地运用可视化，能够显著提升数据分析的工作效率。

在数据科学中，最基本的模型是"数据、信息、知识、智慧"（DIKW）层次模型。该模型以数据为基层架构，按照信息流的顺序依次完成从数据到智慧的转换。在这个转换过程中，可视化的作用表现在如下两个方面：一方面，可视化借助人眼的快速视觉感知和人脑的智能认知能力，综合运用计算机图形学、图像处理、人机交互等技术，将采集或模拟的数据转换为可识别的图形符号、图像、视频或动画，可以起到高效传达及辅助数据分析的作用；另一方面，对于复杂、大尺度的数据，传统的统计分析或数据挖掘方法往往是对数据的简化和抽象，隐藏了数据集真实的结构，而可视化则可还原甚至增强数据中的全局结构和具体细节。用户通过对可视化的感知，使用可视化交互工具进行数据分析，获取知识，并进一步提升为智慧。因此，数据可视化的意义不仅体现在"视物致知"，更体现在"宽物善知"。

1.1.3 数据可视化的发展历程

从古至今，可视化一直是人们理解自然界和人类社会复杂现象的重要工具。在科学工程制图、统计图表中，可视化的理念与技术已经应用了数百年，例如，早在19世纪上半叶，人们就掌握了多种统计数据可视化工具，包括条形图、折线图、饼图、直方图等。1987年2月，美国国家科学基金会在会议报告中首次给出了科学可视化（Scientific Visualization）的定义，认为可视化有助于统一计算机图形学、图像处理、计算机视觉、计算机辅助设计、信号处理和人机界面中的相关问题，具有培育和促进科学突破和工程实践的潜力。进入21世纪之后，随着大数据时代的到来，传统的可视化技术已难以应对海量、高维、多源和多态数据的分析挑战，需要综合可视化、图形学、数据挖掘、机器学习理论与方法，研究新的理论模型、新的可视化方法和新的人机交互手段，辅助用户从大尺度、复杂、矛盾甚至不完整的数据中快速挖掘有用的信息，以便做出决策。这门新兴的学科被称为"可视分析学"。目前，可视分析学的核心理论基础与研究方法仍处于探索阶段。本书即属于现代可视分析学的范畴，旨在介绍流行的可视化工具，以及利用这些工具开发可视化应用的方法，为大数据可视分析提供一种解决方案。

1.1.4 数据可视化的基本流程

数据可视化的基本流程即将源数据转换成图形的过程，从数据处理的角度可分为如下4个环节。

（1）数据抽取：从数据源中抽取与需求关系密切的目标数据。数据源可以是关系型数据库、数据仓库、文件系统或数据接口。

（2）数据转换：通过对目标数据进行规范化、格式化等操作，生成预处理数据。

（3）数据加载：将预处理数据格式化为变换数据，使数据的格式符合可视化工具的要求。

（4）数据渲染：借助可视化工具将变换数据渲染为图形，并在用户界面中显示。

数据可视化基本流程示意图如图 1.1 所示。

图 1.1 数据可视化基本流程示意图

1.1.5 数据可视化应用

数据可视化应用是提供数据可视化服务的应用程序，它通常是大数据应用系统或商业智能平台的客户端组件，负责通过图形接口向用户展示数据分析或智能决策的结果。目前，数据可视化应用系统一种非常流行的产品形态是数据大屏，又称商业智能仪表盘（Business Intelligence Dashboard，BI Dashboard）或一张图系统。数据大屏本质上是将多个信息图表整合在一个页面上的单页应用，能够在统一的界面上展示在时空上存在关联的多维数据，是向用户展示关键绩效指标（Key Performance Indicator，KPI）的数据可视化工具。由于数据大屏具有信息量大、集中度高、视觉效果好、支持多维分析等优势，因此被广泛应用于商业智能、业务监控、辅助决策、风险预警、地理分析、会议展览等多种应用场景中。例如，将信息图表与地理信息平台相集成的数据大屏，在国土空间规划、智慧城市数字孪生体建设中得到了深度应用。图 1.2 所示为一款智慧交管数据大屏，它通过对交管监测数据进行集成和视图

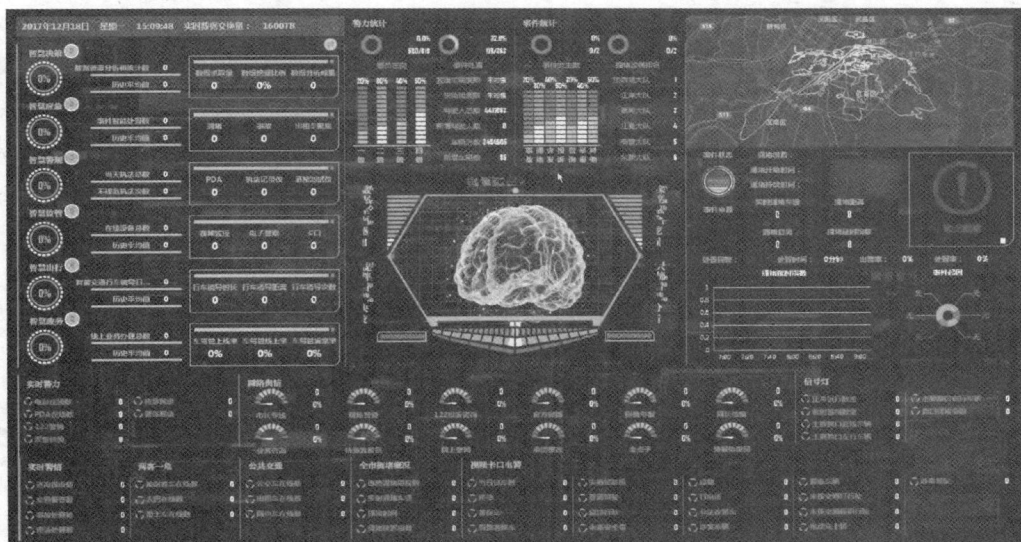

图 1.2 数据大屏示例

整合,在一张图上呈现了城市交通的实时运行状态。值得注意的是,一款优秀的数据大屏作品不是图表的简单堆砌,而是兼具科学性与艺术性的软件工程产品,需要通过系统性、规范化的设计,才能满足应用需求。关于数据大屏的设计方法,将在第 14 章进行详细介绍。

1.2 数据可视化应用开发框架

数据可视化应用开发通常需要借助一些框架来提高开发效率。目前,这类开发框架已发展得相当成熟,其中不乏优秀的开源产品。本节将对市面上流行的几种开源的、基于 Web 的可视化应用开发框架进行介绍。

1.2.1 ECharts

ECharts 是一款基于 JavaScript 语言的可视化框架,最初由百度团队开源,于 2018 年捐赠给 Apache 基金会,2021 年成为 Apache 顶级项目,目前已更新至 5.5 版。ECharts 具有一些突出的特性,如支持丰富的图表类型、交互控件和视觉编码手段,支持千万级、多维度数据的前端展现,支持多渲染方案和跨平台应用,支持数据驱动视图和无障碍访问,等等。ECharts 在成为 Apache 孵化器项目之前,就已经是国内可视化生态领域的旗帜。在百度内部,ECharts 不仅支撑起百度多个核心商业业务系统的数据可视化需求,而且服务多个后台运维及监控系统。ECharts 还满足了多种场景的数据可视化需求,包含报表系统、运维系统、网站展示、营销展示、企业品牌宣传、运营收入的汇报分析等方面,涉及金融、教育、医疗、物流、气候监测等众多行业领域。基于 ECharts 优异的性能和用户友好特性,本书选择它作为本项目的前端可视化开发框架。

1.2.2 D3

D3(Data-Driven Documents,数据驱动文档)也是一套使用 JavaScript 语言实现的开源可视化库,由斯坦福可视化小组于 2011 年推出。在 D3 的名称中,Documents(文档)是指能被浏览器渲染的各种 DOM(Document Object Model,文档对象模型)元素,如 DIV、SPAN 等,由此可见它是一款面向 Web 应用的可视化工具。D3 支持标准的 Web 技术(HTML、CSS 和 SVG),允许绑定任意数据到 DOM,并将数据驱动转换应用到文档中,来实现各种数据可视化效果。与 ECharts 相比,D3 的抽象层次更低,例如,ECharts 的绘制单位是图表,而 D3 的绘制单位则是图形。也就是说,使用 ECharts 绘图相对比较简单,而使用 D3 绘图则更加灵活和个性化,但同时也要求开发者对可视化的底层逻辑有更深刻的理解,所以学习曲线相对比较陡峭。

1.2.3 Processing.js

Processing.js 是 Processing 语言的 JavaScript 实现,能够将 Processing 代码转换为 JavaScript,并在浏览器中运行。Processing 起源于麻省理工学院媒体实验室的 Design By Numbers 项目,设计初衷是形象地教授计算机科学的基础知识,后来逐渐演变成可用于创建图形可视化项目的工具。Processing 提供了一套用于绘图的 API,擅长创建 2D 与 3D 图像、音频、视频等。与 ECharts 相比,Processing.js 侧重于视觉思维的创造性,用户群体主要是设计师和艺术家,而 ECharts 则更加适用于对规范性有较高要求的行业和领域应用。

1.2.4 DataV

DataV 是阿里云推出的一款数据可视化应用搭建平台,旨在通过图形化的界面帮助具有不同专业背景的用户轻松搭建专业水准的可视化应用,满足会议展览、业务监控、风险预警、地理信息分析等多种业务的展示需求。DataV 是直接面向应用的商业平台,它对信息图表进行了二次封装,形成了面向行业的数据看板。另外,DataV 还提供了名为 GeoAtlas 的地图生成工具,支持基于 GeoJSON 和 SVG 格式的地图数据下载链接,可为地理数据的可视化提供数据和工具支持。值得注意的是,DataV 属于较高抽象层次的产品,其底层依然要依赖诸如 ECharts、D3.js、Processing.js 这些框架的支撑。

1.3 数据可视化常用信息图表

1.3.1 条形图

条形图又称柱状图,是一种常用的统计图表,它用一系列长度不等的纵向或横向条纹来表现数据的分布情况。条形图的核心思想是对比,它利用人眼对高度差异敏感的特点,适合用来展示数据之间的差异。条形图适用于展示中小规模的二维数据集,例如,图 1.3 以条形图形式展示了多个空气质量监测站的 $PM_{2.5}$ 浓度,横轴显示的是监测站编码,纵轴显示的是 $PM_{2.5}$ 浓度值,其中,$PM_{2.5}$ 浓度值是需要进行对比的维度。借助图 1.3,可以直观地对各监测站的 $PM_{2.5}$ 浓度进行对比。

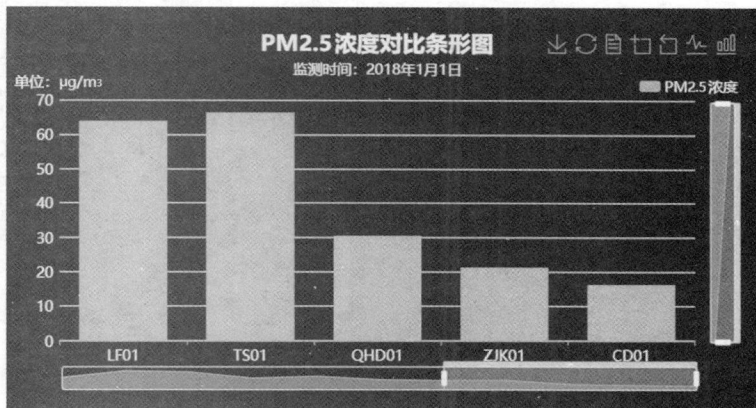

图 1.3 条形图示例

扫一扫

看彩图

1.3.2 折线图

折线图也是一种常用的统计图表,常被用来展示时间序列数据。折线图的核心思想是趋势变化,适用于总体趋势比单个数据点更重要的场景。折线图适用于展示二维大数据集,而且适用于需要对多个二维数据集进行比较的场景。例如,图 1.4 以折线图形式展示了 2018 年 1 月某监测站 4 种大气污染物浓度的日变化情况,横轴显示的是日期,纵轴显示的是污染物浓度值。借助图 1.4,不仅能够直观地了解各种污染物浓度的峰值、增减趋势,而且能够观察污染物之间的关系。

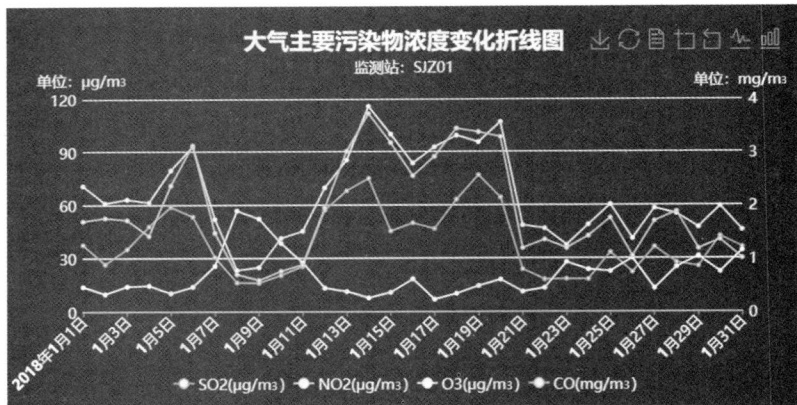

图 1.4　折线图示例

1.3.3　仪表盘

仪表盘又称拨号图或速度表，取材于汽车仪表盘，是一种拟物化的信息图表。仪表盘能够呈现指标的实时状态，适用于业务监控、监测预警等场合。基本的仪表盘由一条圆弧形状的坐标轴和一根指向某坐标刻度的指针组成，指针所指向的刻度值代表观测指标的实时值，同时，坐标轴的颜色还可以用于对观测值进行分类。例如，图 1.5 以仪表盘形式展示了 $PM_{2.5}$ 和 PM_{10} 两种颗粒物的浓度值，坐标轴线和指针的颜色描述的是污染程度。

图 1.5　仪表盘示例

1.3.4　热力图

热力图又称热图，是一种通过颜色表现数值大小的图表，在各种业务数据分析场景中有着十分广泛的应用。热力图通常与空间或时间坐标系结合，用于展示业务数据在空间或时间上的分布状态。当热力图与日历坐标系结合时，就形成了日历热力图，以日历的形式展示数据的密集程度或变化趋势。例如，图 1.6 以日历的形式展示了 2018 年 1 月某监测站 $PM_{2.5}$ 浓度的日变化情况，图中的颜色代表污染程度。借助图 1.6，能够直观地分析 $PM_{2.5}$ 浓度的时变特征。

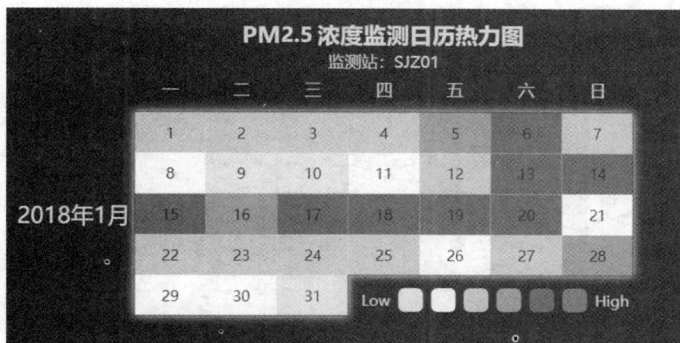

图 1.6　热力图示例

1.3.5　平行坐标图

平行坐标图是一种展示高维数据的信息图表。在平行坐标图中存在多条互相平行的坐标轴,每条坐标轴对应一个数据维度,每条记录对应一条贯穿所有坐标轴的折线。折线的形态能够反映记录之间的关系,随着数据量的增加,形态相似的折线会堆叠起来,形成聚类的效果,从而揭示出记录之间的相关关系。例如,图 1.7 以平行坐标图形式展示了若干监测站各种污染物的浓度及空气质量指数(AQI),折线的颜色代表不同的污染程度。从图 1.7 中可以看出,相同颜色的折线具有相似的形态,这意味着同类污染可能具有相似的成因。通过这个例子可以发现,平行坐标图可为聚类分析提供一种直观的参考。

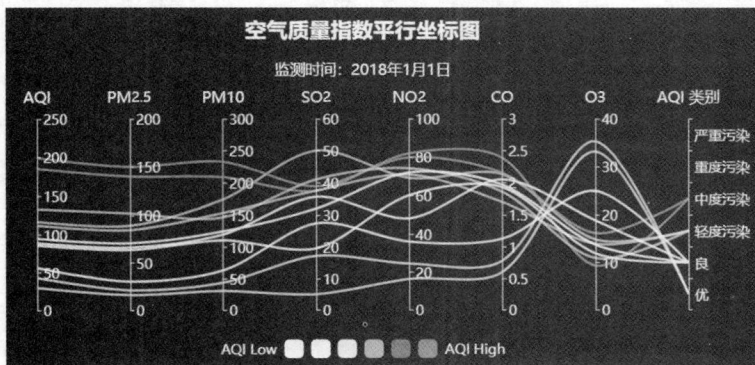

图 1.7　平行坐标图示例

1.3.6　雷达图

雷达图又称网络图、蜘蛛网图,是一种适用于展示指标构成及次级指标之间权重分布的信息图表,经常应用于性能评估等场景中。雷达图上通常有 3 条以上的坐标轴,这些坐标轴从共同的坐标原点向四周辐射,将外接圆周平均分成面积相等的几个扇形区域,形成了类似于雷达的图案。雷达图所围的面积能够反映综合指标的测度结果,而展布的形态则能够反映综合指标在各个次级指标上的权重分布,并有助于揭示占主导地位的次级指标。例如,图 1.8 以雷达图形式展示了 5 个监测站空气质量指数的构成情况(空气质量指数为空气质量分指数的最大值）。通过观察可以看出，在 6 个空气质量分指数中，IAQI_PM2.5 对于 AQI 发挥着主导作用。

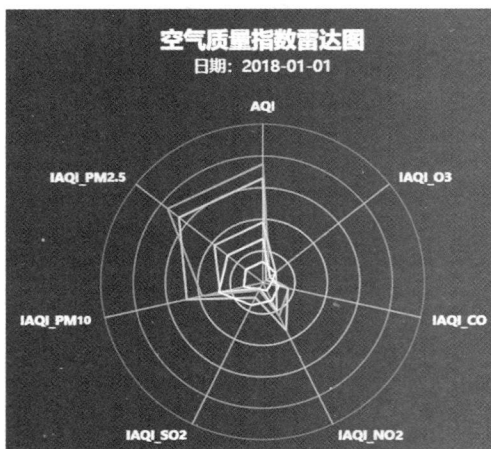

图 1.8　雷达图示例

1.3.7　饼图

饼图是一种常用的统计图表，主要用于展示部分占总体的比重，总体通常用一个圆形区域表示，因其形似圆饼，故称饼图。例如，图 1.9 以饼图形式展示了空气质量指数的分类占比情况，总体的圆形区域代表 34 个空气质量监测站，每个扇形区域代表一个空气质量指数类别占总体的比重。

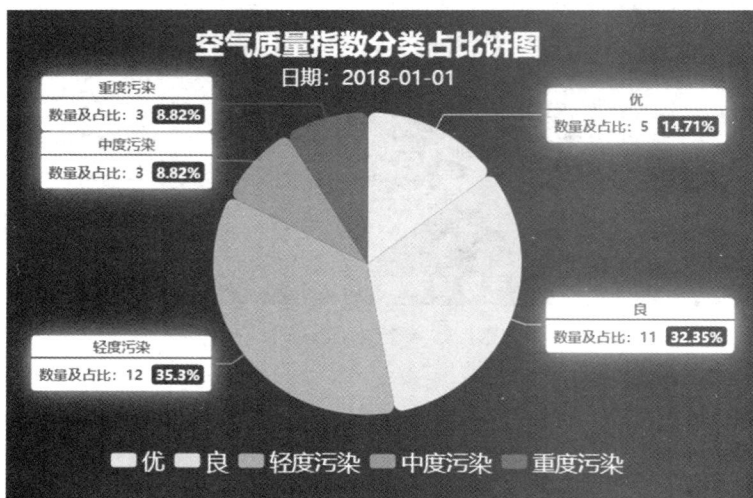

图 1.9　饼图示例

1.3.8　散点图

散点图是在回归分析中常用的信息图表，主要用于展示因变量随自变量变化的趋势。

根据这种趋势选择合适的函数对数据点进行拟合,从而确定变量之间定量关系的分析方法即回归分析,是统计机器学习中一种基本的方法。根据自变量数量的多少,可将回归分析分为一元回归分析和多元回归分析。在进行多元回归分析时,通常要考查因变量与多个自变量之间的关系,此时可借助散布矩阵同时呈现这些关系。例如,图1.10就是展示空气质量指数与气象要素之间的关系的散布矩阵。从图1.10中可以看出,严重污染事件的发生与风速、气温和气压等气象条件具有一定的相关性。值得注意的是,散点图适用于呈现大规模数据集,样本的数量越多,变量间的关系就越显著。

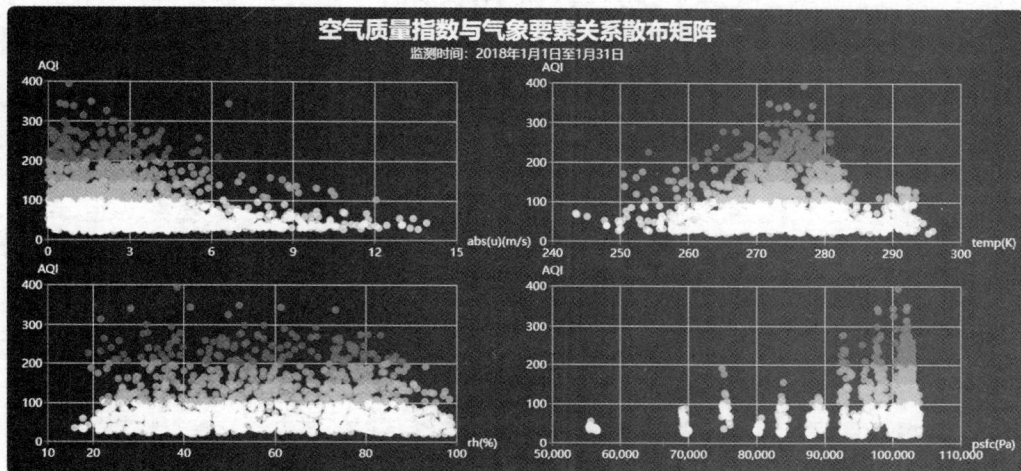

扫一扫
看彩图

图 1.10　散布矩阵示例

本章小结

本章首先介绍了数据可视化相关的基本概念,包括数据要素、数据资产、数据科学,数据可视化的发展历程、基本流程,以及数据可视化应用等。然后,介绍了几种流行的数据可视化应用开发框架。最后,重点介绍了数据可视化常用的7类信息图表。通过本章的学习,读者应了解数据可视化的基本概念,并对数据可视化常用信息图表的概念、特点和应用场景形成初步认识,为后续学习奠定理论基础。

习题 1

扫一扫
习题

扫一扫
自测题

第 2 章

项目概述

学习目标

(1) 了解项目需求和项目目标。

(2) 了解项目架构及项目实施的技术路线。

(3) 掌握项目开发环境的搭建方法。

(4) 掌握项目数据库的创建方法。

2.1 需求分析

2.1.1 项目需求

本书以"空气质量监测数据可视化平台"为例,通过对项目实施全过程的介绍,使读者掌握数据可视化应用开发的全栈技术体系。本项目使用的数据集节选自 ChinaVis 2021 数据可视化竞赛提供的 2013—2018 年中国大气污染再分析开放数据集(http://naq.cicidata.top:10443/chinavis/opendata)。原始数据集中提供了 6 项常规污染物及 5 个常用气象要素的日均值数据。本项目从原始数据集中选取了部分字段及 2018 年 1 月的部分记录,新增了一个 station(监测站编码)字段作为记录标识。在 MySQL 5.5 中创建了 airpollution 数据库和 airpollution 数据表,并完成了数据导入。airpollution 表结构如表 2.1 所示。

表 2.1　airpollution 表结构

序号	字段名	字段类型	说　　明
1	date	timestamp	日期
2	pm25	float	$PM_{2.5}$ 浓度,单位:微克每立方米
3	pm10	float	PM_{10} 浓度,单位:微克每立方米
4	o3	float	臭氧浓度,单位:微克每立方米
5	so2	float	二氧化硫浓度,单位:微克每立方米
6	no2	float	二氧化氮浓度,单位:微克每立方米

续表

序号	字段名	字段类型	说　　明
7	co	float	一氧化碳浓度,单位:毫克每立方米
8	u	float	纬向风速,单位:米每秒
9	v	float	经向风速,单位:米每秒
10	temp	float	气温,单位:开尔文(K)
11	rh	float	相对湿度(%)
12	psfc	float	地面气压,单位:帕斯卡(Pa)
13	station	varchar	监测站编码

2.1.2　项目目标

本项目拟以信息图表的形式展示 2018 年 1 月部分空气质量监测站的观测数据,为大气污染数据可视分析提供辅助工具。项目目标包括制作 9 个信息图表和 1 款数据大屏。

(1) $PM_{2.5}$ 浓度对比条形图:以条形图形式展示 2018 年 1 月 1 日若干监测站 $PM_{2.5}$ 浓度的日均值,用于对比不同站点的 $PM_{2.5}$ 污染情况。

(2) 大气主要污染物浓度变化折线图:以折线图形式展示 2018 年 1 月某监测站 4 种大气污染物浓度的日均值时间序列数据,用于分析大气污染物浓度的时变规律和发展趋势。

(3) 颗粒物浓度监测仪表盘:以仪表盘形式展示 2018 年 1 月 1 日某监测站 $PM_{2.5}$ 和 PM_{10} 浓度的日均值,用于对 $PM_{2.5}$ 和 PM_{10} 浓度进行实时监测。

(4) $PM_{2.5}$ 浓度变化热力图:在日历坐标系上,用热力值展示 2018 年 1 月某监测站 $PM_{2.5}$ 浓度的日均值数据,展示 $PM_{2.5}$ 污染的日变化情况。

(5) 空气质量指数平行坐标图:在平行坐标系中展示 2018 年 1 月 1 日若干监测站的空气质量指数及 6 种污染物的日均值等多维数据,用于分析观测记录之间的聚类关系。

(6) 空气质量指数雷达图:以雷达图形式展示 2018 年 1 月 1 日若干监测站的空气质量指数及分指数,用于分析空气质量指数的构成情况。

(7) 空气质量指数分类占比饼图:以饼图形式展示 2018 年 1 月 1 日空气质量指数各类别的数量及其占总体的比重,了解空气质量的整体分布情况。

(8) 空气质量指数与气象要素关系散点图:以散点图形式展示 2018 年 1 月空气质量指数与气象条件的关系,为回归分析提供参考。

(9) 空气质量指数排序与汇总联动图:以条形图与饼图组合而成的联动图表形式展示 2018 年 1 月 1 日至 3 日空气质量指数的排序与汇总情况。

(10) 空气质量监测数据可视化平台:为一个综合性项目,将条形图、饼图、雷达图、平行坐标图、仪表盘、散点图 6 个图表集成到一个数据大屏上,同步展示空气质量监测的多维数据,为大气污染态势分析提供辅助工具。

2.2　系统架构

本项目采用基于 Flask 的 MVT 架构,如图 2.1 所示。MVT 架构把 Web 应用程序自底向上分成模型(Model)、视图(View)、模板(Template)和路由(Route)4 层。其中,模型负责业务对象与数据库的关系映射,视图负责处理用户请求并返回响应,模板负责把响应渲染成 HTML 文档,路由负责把用户的 URL 请求分发给不同的视图函数进行处理。

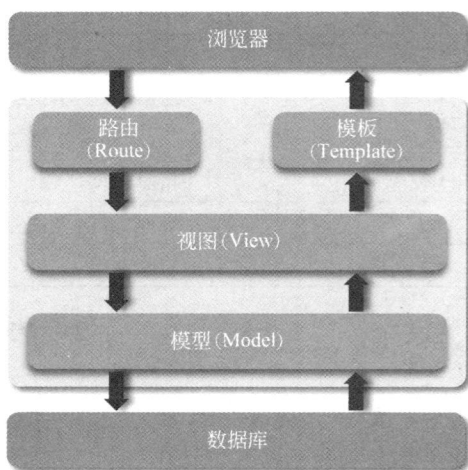

图 2.1 系统架构图

2.3 技术路线

项目实施过程分为环境准备、数据准备、静态图表设计与制作、动态图表设计与制作、数据大屏设计与制作 5 个阶段,如图 2.2 所示。其中,静态图表是一种纯前端的、轻量级的应用程序,功能比较有限,适用于实验环境中小规模数据集的可视化,开发技术仅涉及 HTML、CSS、JavaScript 和 ECharts 等,开发难度相对较低。动态图表是一种基于 Web 服务的、重量级的应用程序,支持数据实时更新等高级特性,适合生产环境和大规模数据集,需要综合使用前后端开发技术,开发难度相对较高。为了便于读者学习,本项目先从相对简单的静态图表入手,然后将其改造为动态版,最后将多个图表集成到一个数据大屏上,循序渐进地介绍数据可视化应用的全栈开发技术。

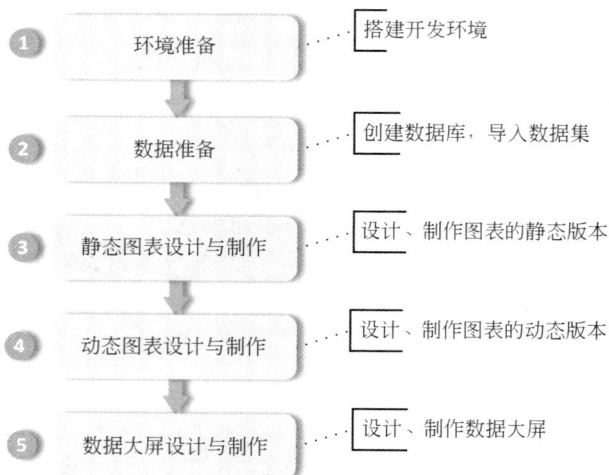

图 2.2 技术路线图

2.4　开发环境

表 2.2 中列举了项目实施所依赖的软件环境。

表 2.2　项目实施所依赖的软件环境

类　别	名　　称	版　本
操作系统	Windows	10
浏览器	Microsoft Edge	119.0
数据库	MySQL	5.5.0
框架	ECharts	5.5.0
框架	ECharts-GL	2.0.9
框架	jQuery	3.3.1
框架	Flask	2.2.3
框架	PyMySQL	1.0.2
工具	Visual Studio Code	1.87.2
工具	Anaconda 3	2022.10
工具	Navicat for MySQL	16.3.7

2.5　环境准备

2.5.1　Anaconda 3

Anaconda 3 是流行的开源 Python 发行版，可为本项目提供 Python 3 基础环境及 Flask、PyMySQL 等支撑框架。Anaconda 3 的安装方法比较简单，请读者自行完成。本节主要介绍在 Anaconda 3 中创建 Python 3 虚拟环境的方法，有图形界面和命令行界面两种方式。

1. 基于图形界面的方式

（1）打开 Anaconda 3 目录下的 Anaconda Navigator 应用程序。然后，在打开的界面中切换到 Environments 选项卡，单击 Create 按钮，弹出 Create New Environment 对话框，如图 2.3 所示。在对话框中输入虚拟环境的名称和 Python 版本，单击 Create 按钮，即可完成创建。创建完成后，可在环境列表中看到 myFlask 环境，单击 Play 按钮，即可完成激活。

（2）对于本项目，还需要在虚拟环境中安装 Flask 和 PyMySQL 两个框架。方法如下：在图 2.4 所示的 Environments 选项卡中选择"未安装列表"（Not installed），将在下方列表中显示目前尚未安装的 Python 模块，此时在右上角搜索框中输入 flask 并按 Enter 键，将在列表中显示 flask 框架的条目；然后，选中 flask 条目左侧的单选按钮，并单击列表下方的 Apply 按钮，即可完成安装。PyMySQL 的安装方法与此类似，不予赘述。

2. 基于命令行的方式

（1）打开 Anaconda 3 目录下的 Anaconda Prompt 应用程序。输入如下命令：

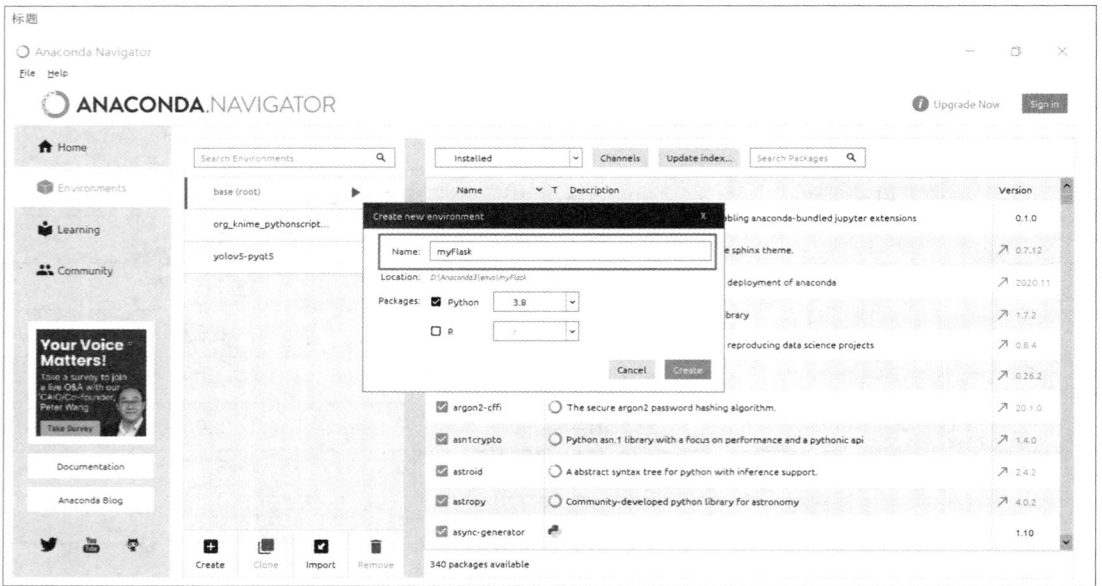

图 2.3　创建新的 Python 虚拟环境

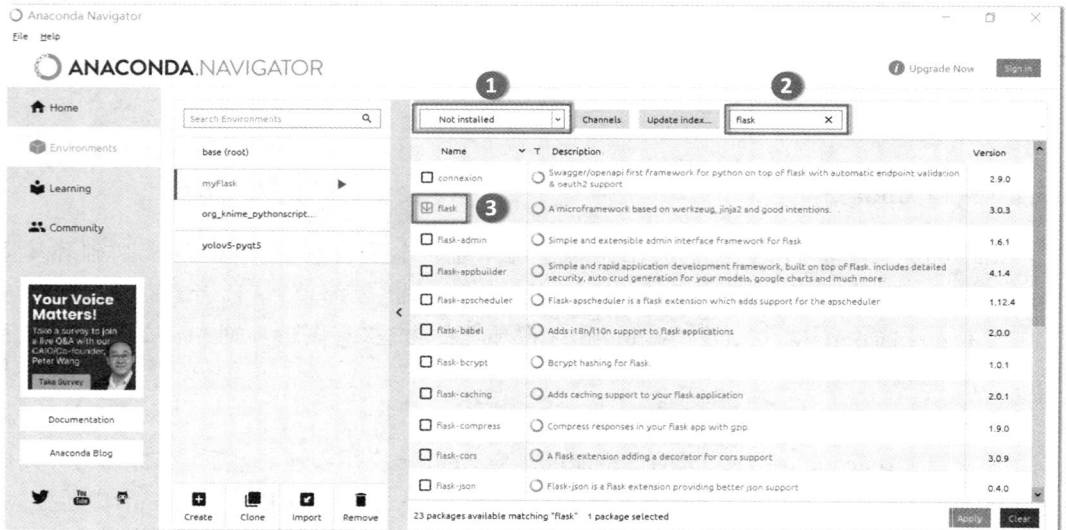

图 2.4　安装 Flask 框架

```
conda create --name myFlask python=3.8
```

创建名为 myFlask 的 Python 3 虚拟环境。

（2）激活 myFlask 环境，命令如下：

```
conda activate myFlask
```

（3）配置国内镜像源，命令如下：

```
conda config - - add channels https://mirrors.tuna.tsinghua.edu.cn/anaconda/
pkgs/free/
conda config - - add channels https://mirrors.tuna.tsinghua.edu.cn/anaconda/
pkgs/main/
```

（4）安装 Flask 和 PyMySQL 框架，命令如下：

```
conda install flask pymysql
```

（5）进入虚拟环境，利用 import 语句验证 Flask 和 PyMySQL 是否可用，命令如下：

```
import flask
import pymysql
```

如果没有报错，如图 2.5 所示，说明 Flask 和 PyMySQL 已可以使用。

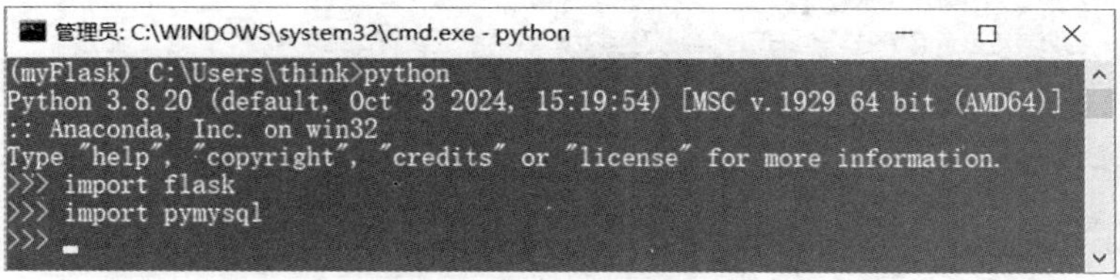

图 2.5　验证 Flask 和 PyMySQL

2.5.2　Visual Studio Code

Visual Studio Code(VS Code)是微软推出的一款轻量级的源代码编辑器，支持安装扩展来增强它的功能。VS Code 的安装方法也比较简单，请读者自行完成。安装完成后，需要安装一些扩展插件（见表 2.3）以提升开发效率，并对 Python 解释器进行配置。

表 2.3　VS Code 扩展插件

序号	插　件	功　能	安装建议
1	Python	Python 语言插件	必选
2	Pylance	Python 代码检查插件	必选
3	Python Debugger	Python 调试工具	可选
4	open in browser	用浏览器打开 HTML 文档	必选
5	JavaScript Debugger	JavaScript 调试工具	可选
6	jQuery Code Snippets	jQuery 代码段自动提示	可选
7	Path Intellisense	文件路径名提示	可选
8	Auto Close Tag	自动闭合标签	可选
9	Auto Rename Tag	自动修改标签对名称	可选
10	Color Info	调色盘	可选
11	Chinese (Simplified) Language Pack for Visual Studio Code	汉化语言包	可选

配置 Python 解释器的方法如下：在菜单栏中选择"查看"→"命令面板"命令，或者按

Ctrl＋Shift＋P 组合键，打开命令面板。在文本框中输入 Python：Select Interpreter 并按 Enter 键，将弹出目前系统中已安装的 Python 环境，从中选择新创建的虚拟环境 myFlask（见图 2.6），即可完成 Python 解释器的配置。

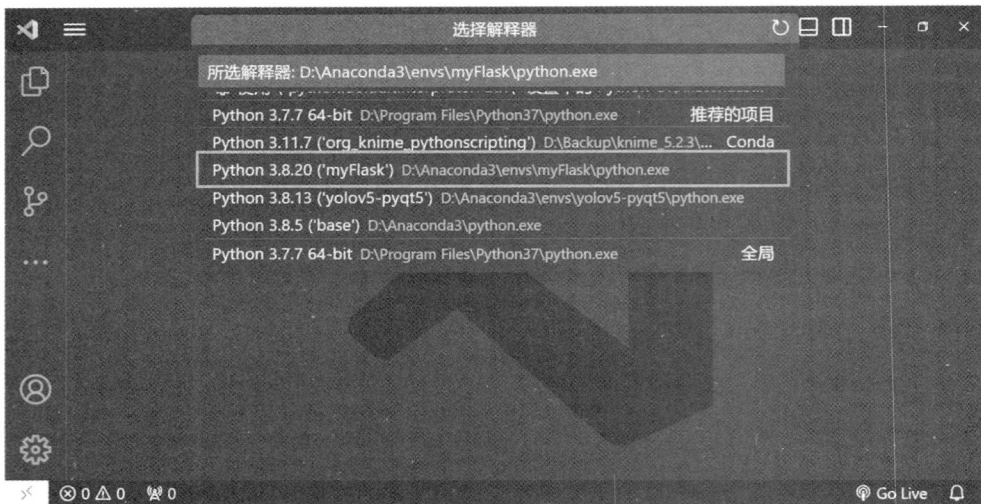

图 2.6　配置 Python 解释器

2.5.3　MySQL

MySQL 是目前流行的关系数据库管理系统，具有开源、稳定、体积小、速度快的特点。在 MySQL 安装过程中，有以下几项配置需要注意。

（1）启用网络连接：在"网络选项设置"界面，需要勾选 Enable TCP/IP Networking 复选框，以支持远程连接 MySQL，如图 2.7 所示。

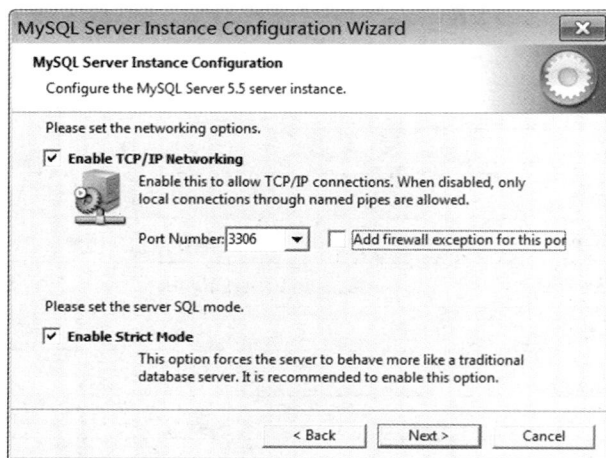

图 2.7　启用网络连接

（2）字符集设置：在"默认字符集设置"界面，选择 Manual Selected Default Character Set/Collation 单选按钮，将字符集设置为 utf8，如图 2.8 所示。

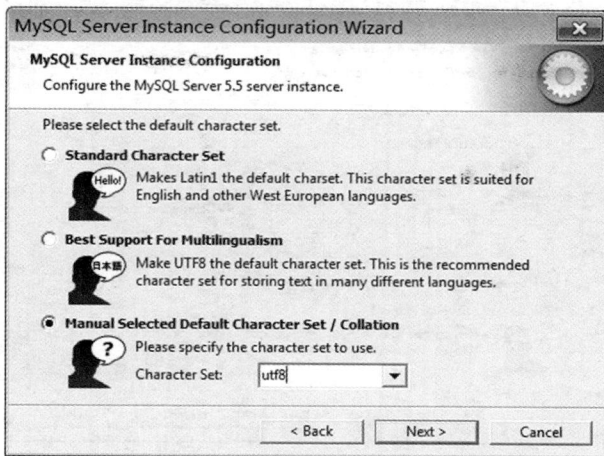

图 2.8 字符集设置

（3）安装为系统服务：在"Windows 选项设置"界面，勾选 Install As Windows Service 和 Include Bin Directory in Windows PATH 复选框，如图 2.9 所示。

图 2.9 Windows 选项设置

（4）修改安全设置：在"安全选项设置"界面，设置 root 用户的登录密码，并勾选 Enable root access from remote machines 复选框，表示允许 root 用户远程访问 MySQL 服务，如图 2.10 所示。

（5）安装完成后，MySQL 将作为一项系统服务而自动启动。要检查 MySQL 的运行状态，可使用如下方法：打开 Windows 服务管理器，如果能够在列表中看到 MySQL，且状态为"正在运行"，表示 MySQL 服务已成功启动，如图 2.11 所示。

（6）MySQL 服务启动后，还需要验证能否以 root 身份登录，方法如下：打开"命令提示符"，输入 mysql -u root -p 并按 Enter 键，输入 root 用户的密码并按 Enter 键。如果屏幕上打印输出了 MySQL 的欢迎信息，说明用户已登录成功，如图 2.12 所示。如果要退出 MySQL，可以直接使用 exit 或 quit 命令。

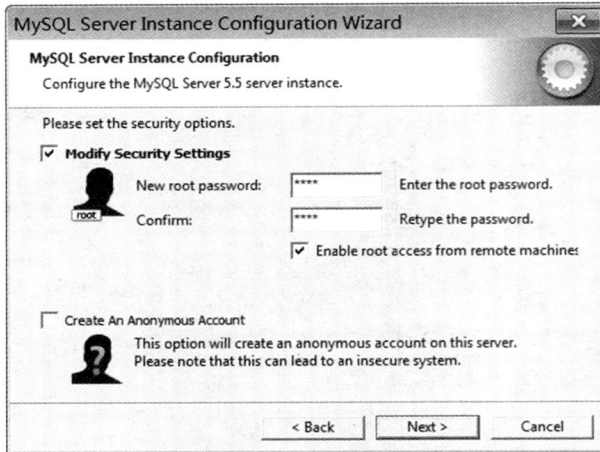

图 2.10 安全选项设置

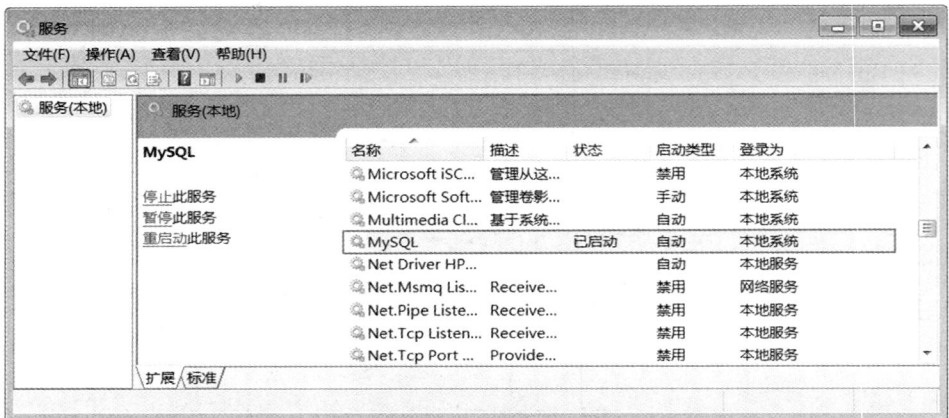

图 2.11 检查 MySQL 服务的运行状态

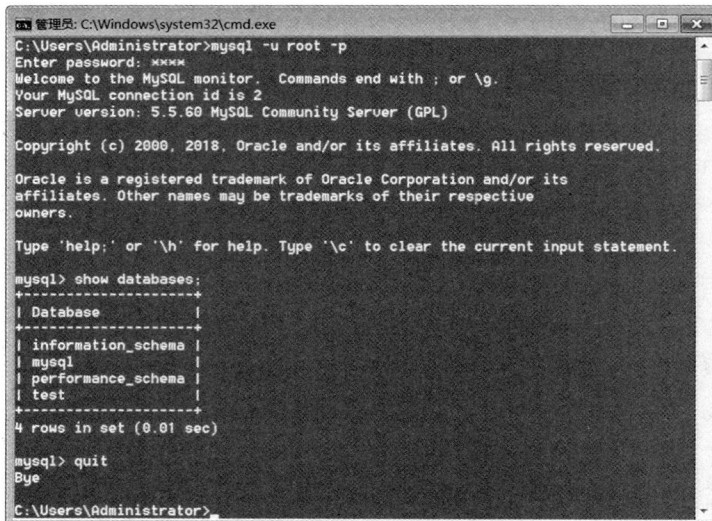

图 2.12 登录 MySQL

（7）基于命令行的数据库管理方式效率比较低，本项目推荐使用 Navicat 对数据库进行管理。Navicat 是一款图形化的数据库管理工具。图 2.13 所示为在 Navicat 中进行数据库连接测试的方法。

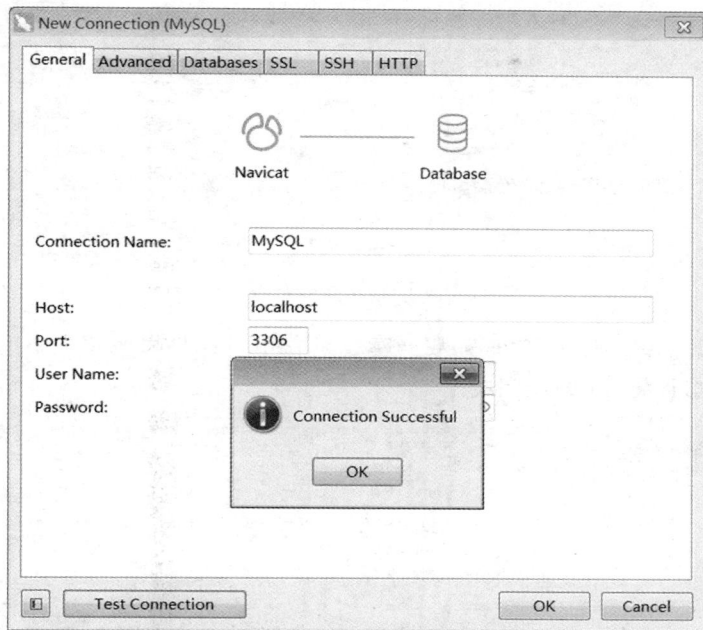

图 2.13 在 Navicat 中进行数据库连接测试

2.6 数据准备

完成 MySQL 和 Navicat 的安装和配置之后，就可以开展数据入库工作了，步骤如下。

（1）创建数据库。利用 Navicat 在 MySQL 中新建名为 airpollution 的数据库，字符集（Character set）选择 utf8mb4，字符序（Collation）选择 utf8mb4_general_ci，如图 2.14 所示。

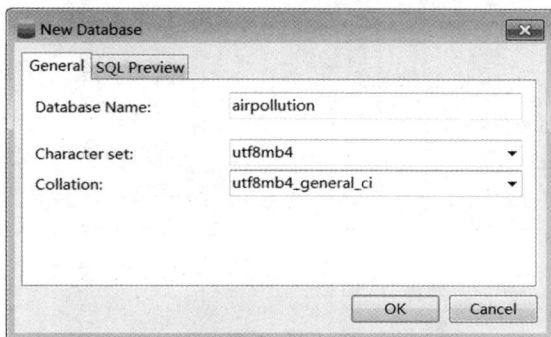

图 2.14 新建 airpollution 数据库

（2）导入数据集。在 Navicat 中，使用 Execute SQL File...功能运行 airpollution.sql 脚本文件，单击 Start 按钮，将在 airpollution 数据库中创建名为 airpollution 的数据库表，并插入数据，如图 2.15 所示。

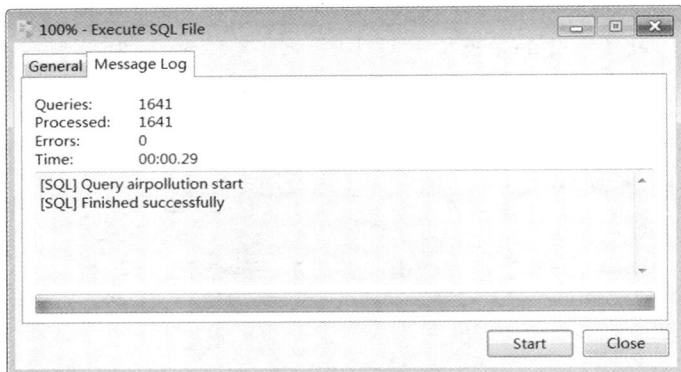

图 2.15　导入数据集

（3）浏览数据。在 Navicat 中打开数据库表 airpollution，即可浏览表中的记录，如图 2.16 所示。至此，数据准备工作即告完成。

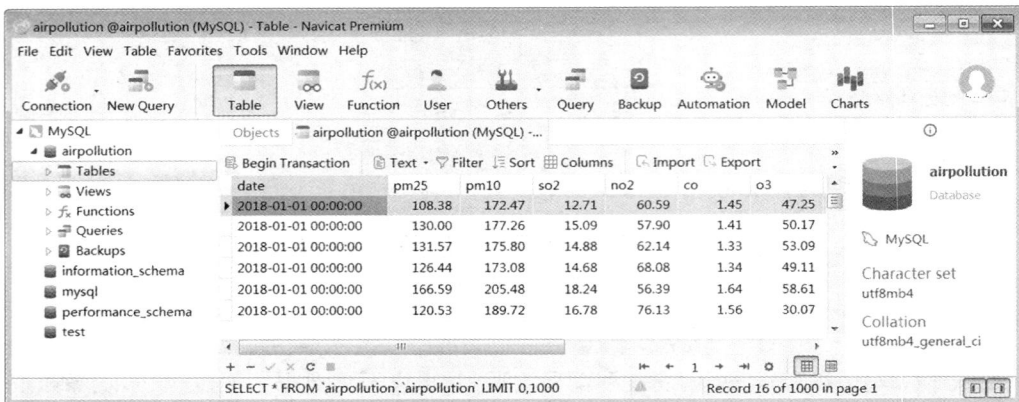

图 2.16　浏览数据

本章小结

本章首先介绍了"空气质量监测数据可视化平台"项目的基本情况，包括项目的需求和目标、技术架构、技术路线及环境依赖等内容。然后详细介绍了项目开发环境搭建和数据准备工作。通过本章的学习，读者应对项目基本情况形成整体性认识，并完成项目开发环境的搭建及数据准备工作，为后续的学习和开发工作做好准备。

习题 2

扫一扫　　　　　扫一扫

习题　　　　　自测题

第 **3** 章

技 术 基 础

学习目标

(1) 了解 Web 前、后端开发技术及 ECharts 图表开发技术。

(2) 掌握 ECharts 基本条形图的制作方法。

(3) 掌握利用 Flask 开发 Web 应用程序的基本方法。

(4) 掌握利用 PyMySQL 接入 MySQL 数据库的基本方法。

(5) 掌握基于 Python 的 JSON 数据接口开发技术。

3.1 前端开发技术

3.1.1 HTML

HTML(Hyper Text Markup Language,超文本标记语言)是目前应用广泛的网页制作语言,用于创建结构化的文档并提供语义。HTML 中有两个重要概念:一是标签,如<html><head><body>等,用于对内容进行描述;二是元素,由开始标签、结束标签和内容组成,如<title>Document</title>,是 HTML 文档的基本结构单元。利用 VS Code,能够快速生成一个基本的 HTML 文档,内容如下:

```
<!DOCTYPE html>
<html lang="en">
<head>
    <meta charset="UTF-8">
    <meta name="viewport" content="width=device-width, initial-scale=1.0">
    <title>例 3.1</title>
</head>
<body>
    用 VS Code 快速生成 HTML 文档
</body>
</html>
```

HTML 示例文档中的标签及说明如表 3.1 所示。

表 3.1　HTML 示例文档中的标签及说明

标　　签	说　　明
<!DOCTYPE html>	定义文档的类型为 HTML
<html>	根标签,告知浏览器自身是一个 HTML 文档
<head>	头部标签,内部封装了<meta>、<title>等标签
<meta>	定义文档的元信息,例如,为搜索引擎提供网页的关键字、内容描述等
<title>	定义 HTML 文档的标题
<body>	主体标签,一个 HTML 文档只能有一对<body>标签

3.1.2　CSS

　　CSS(Cascading Style Sheets,层叠样式表)用于设置 HTML 元素的样式,主要包括文本的字体、字号、对齐方式,图像的尺寸、位置,以及版面的布局等。利用 CSS 可以实现内容与表现形式的解耦,有助于提高开发效率。CSS 的样式规则由选择器和声明两部分组成。其中,选择器是最基本的单元,它指定了要应用样式的 HTML 元素,最常用的选择器有 5 种：元素选择器、类选择器、ID 选择器、通配符选择器和群组选择器,如表 3.2 所示。

表 3.2　CSS 常用选择器

选　择　器	应　用　示　例	说　　明
元素选择器	body{background-color:black;}	将<body>元素的背景颜色设置为黑色
类选择器	.f1{float:left;}	将所有 class="f1"的元素均设置为左浮动
ID 选择器	#A{color:green;}	将 id="A"的元素内容设置为绿色
通配符选择器	* {margin:0;}	将所有元素的外边距设置为 0
群组选择器	div,span,img{padding:0;}	将所有 div、span、img 元素的内边距设置为 0

　　CSS 有 3 种常用的引用方法：一是行内式,即通过标签的 style 属性来设置标签的样式,例如：

```
<div id="main" style="width: 600px;height:400px;">行内式引用</div>
```

二是内嵌式,即将<style>标签放在<head>标签中,例如：

```
<head>
    <style type="text/css">
        h1{
            font-size:14px;
            color:blue;
        }
    </style>
</head>
```

三是外链式,是指在<head>标签中使用<link>标签引用一个外部的 CSS 文档,这是最常用的方法,例如：

```
<link href="link.css" rel="stylesheet">
```

此时,需要在 HTML 文档同级目录下创建名为 link.css 的文档,对 HTML 元素的样式进行设置。

3.1.3 盒子模型

盒子模型是 HTML 元素布局的基础。虽然 HTML 元素种类繁多,但基本的布局原则是统一的,这个原则就是盒子模型。盒子模型把每个 HTML 元素看作一个矩形的容器,每个容器都由内容(content)、内边距(padding)、边框(border)和外边距(margin)嵌套排列而成。其中,内边距出现在内容区域的周围,边框出现在内、外边距之间,外边距是该元素与相邻元素之间的距离,如图 3.1 所示。这意味着,容器的总宽度为内容宽度与左右内边距、左右边框及左右外边距之和;容器的总高度为内容高度与上下内边距、上下边框及上下外边距之和。表 3.3 中列举了与盒子模型有关的几个常用属性。

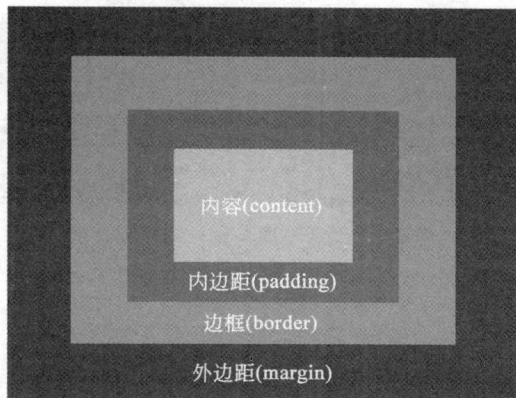

图 3.1 盒子模型示意图

表 3.3 盒子模型的常用属性

属性名	含义	应 用 举 例
width	宽度	width:800px; / * 宽度为 800 像素 * /
height	高度	height:600px; / * 高度为 600 像素 * /
background	背景	background:url(img/bg.jpg) no-repeat 50px 80px fixed; / * 图像路径,不平铺,图像坐标,图像固定 * /
padding	内边距	padding:5px 3px 4px; / * 内边距:上为 5 像素,左右为 3 像素,下为 4 像素 * /
border	边框	border:3px double red; / * 边框:3 像素宽,双实线,红色 * /
margin	外边距	margin:5px 3px 4px; / * 外边距:上为 5 像素,左右为 3 像素,下为 4 像素 * /

3.1.4 页面布局

页面布局是指通过对页面元素进行合理的排布,使页面结构清晰、美观易读,主要依靠 DIV+CSS 技术来实现。其中,DIV 是指<div>标签,负责内容区域的分配,CSS 是指层叠样式表，负责布局排列效果的呈现。一个 HTML 页面通常可分为页头（header）、内容（content）和页脚（footer）等多个块状区域，这些区域的划分一般通过<div>标签实现。<div>标签实际上是一个容器，可以设置宽度、高度、内外边距、边框等属性，内部可以容纳标题、段落、表格、列表、图像、视频等各种 HTML 元素，还可以嵌套多层<div>标签，以划分出更复杂的页面结构。

在设计页面时，默认的排版方式是将标签从上至下依次排列，这种布局方式被称为标准文档流。采用标准文档流布局的页面，看起来参差不齐，并不美观。为了使页面布局更加美观，通常会将页面元素先进行横向排列，再进行竖向排列，并通过设置高宽、定位等属性进行对齐，这样的排版使页面看起来整齐有序，如图 3.2 所示。

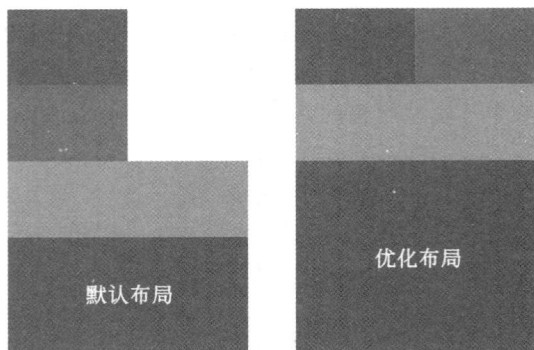

图 3.2　默认布局与优化布局对比

3.1.5　CSS 定位机制

要实现页面的优化布局，需要将<div>标签与 CSS 的定位机制结合起来使用，主要涉及浮动和定位两个属性。

1. 浮动属性

浮动属性能够让 HTML 元素脱离标准文档流的控制，移动到其父元素中的指定位置。在 CSS 中，使用 float 属性定义浮动样式，基本语法格式如下：

```
选择器 {float:属性值;}
```

float 常用的属性值如表 3.4 所示。

表 3.4　float 常用的属性值

属性名	属性值	说　　明
float	left	元素向左浮动
	right	元素向右浮动
	none	元素不浮动（默认值）

下面通过一个例子演示浮动属性的用法。在下例中定义了一个父<div>标签（father）和 3 个子<div>标签（child01、child02、child03），均未设置浮动属性，此时它们将按照标准文档流的方式、从上到下依次排列。

```
<!DOCTYPE html>
<html lang="en">
<head>
    <meta charset="UTF-8">
    <meta name="viewport" content="width=device-width, initial-scale=1.0">
    <title>例 3.2</title>
    <style type="text/css">
        .father{
            width: 330px;
            height: 220px;
            background:#c6c4c492;
            border:1px dashed #ccc;
        }
        .child01,.child02,.child03{
            height:50px;
            background:rgb(253, 253, 2);
            border:1px solid #1505f4;
            margin:15px;
            padding:0px 10px;
        }
    </style>
</head>
<body>
    <div class="father">
        <div class="child01">child01</div>
        <div class="child02">child02</div>
        <div class="child03">child03</div>
    </div>
</body>
</html>
```

接下来,为 child01、child02、child03 设置左浮动,方法如下:

```
child01,.child02,.child03{
float: left;
/*略*/
}
```

此时,3 个子标签将脱离标准文档流,变成从左至右水平排列,如图 3.3 所示。需要注意的是,浮动属性并不能对标签的位置进行精确控制。

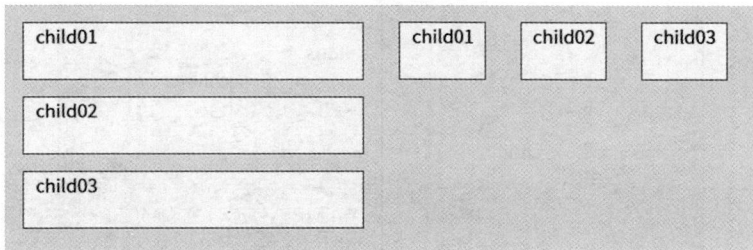

图 3.3　float 属性应用前后对比图

2. 定位属性

要对标签进行精确定位，需要使用 CSS 的定位属性。定位属性包括定位模式和边偏移两类。其中，定位模式使用 position 属性定义，边偏移使用 top、bottom、left 和 right 4 个属性定义，它们的用法如表 3.5 所示。

表 3.5　CSS 的定位属性

属性名	属性值	说　　明
position	static	静态定位（默认定位方式）
	relative	相对定位，相对于其原文档流的位置进行定位
	absolute	绝对定位，相对于其上一个已经定位的父元素进行定位
	fixed	固定定位，相对于浏览器窗口进行定位
top	像素值	顶端偏移量，定义元素相对于其父元素上边线的距离
bottom	像素值	底部偏移量，定义元素相对于其父元素下边线的距离
left	像素值	左侧偏移量，定义元素相对于其父元素左边线的距离
right	像素值	右侧偏移量，定义元素相对于其父元素右边线的距离

标签的定位模式包括静态定位、相对定位、绝对定位和固定定位 4 种。其中，静态定位和固定定位比较容易理解。静态定位是标签默认的定位模式，采用的是标准文档流中默认的位置，在这种模式下，不能通过边偏移属性改变标签的位置。固定定位是以浏览器窗口作为参照物的定位模式，在这种模式下，无论浏览器滚动条如何滚动，或者浏览器窗口大小如何变化，标签都会始终显示在浏览器窗口的固定位置上。相对定位和绝对定位相对比较复杂，下面通过一个例子演示它们的用法。

相对定位是将标签相对于它在标准文档流中的位置进行定位，当 position 属性值为 relative 时，即采用相对定位模式，在这种模式下，可以通过边偏移属性改变标签的位置，但它在文档流中的位置仍然保留。下面通过一个例子演示相对定位的用法。在下例中同样定义了 1 个父<div>标签和 3 个子<div>标签。对 child02 设置相对定位模式，并通过边偏移属性 top 和 left 改变它的位置，页面预览效果如图 3.4 所示。从图上可以看出，child02 目前所处的位置是相对于其默认位置进行了偏移，而且它的默认位置仍被保留下来，并没有被 child03 所占用。

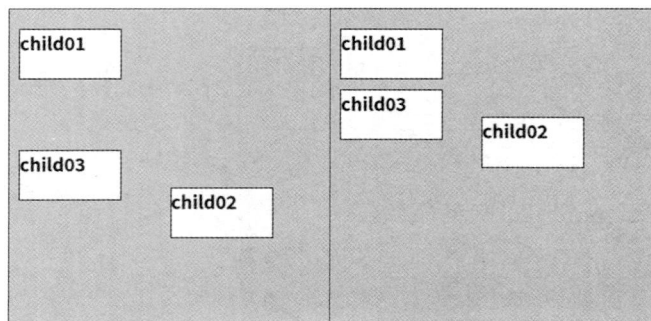

图 3.4　相对定位和绝对定位效果对比

```
<!DOCTYPE html>
<html lang="en">
<head>
    <meta charset="UTF-8">
    <meta name="viewport" content="width=device-width, initial-scale=1.0">
    <title>例 3.3</title>
    <style type="text/css">
    body{margin:0px; padding:0px; font-size:18px; font-weight:bold;}
    .father{
        margin:10px auto;
        width:300px;
        height:300px;
        padding:10px;
        background:#ccc;
        border:1px solid #000;
        position:relative;          /* 相对定位,但不设置偏移量 */
    }
    .child01, .child02, .child03{
        width:100px;
        height:50px;
        background:#ff0;
        border:1px solid #000;
        margin:10px 0px;
    }
    .child02{
        position:relative;          /* 相对定位 */
        left:150px;                 /* 距左边线 150px */
        top:100px;                  /* 距顶部边线 100px */
    }
    </style>
</head>
<body>
    <div class="father">
        <div class="child01">child01</div>
        <div class="child02">child02</div>
        <div class="child03">child03</div>
    </div>
</body>
</html>
```

绝对定位是将标签依据最近已经定位(相对、绝对或固定定位)的父标签进行定位,若所有父标签均未定位,则依据<body>根标签(即浏览器窗口)进行定位。当 position 的值为 absolute 时,为绝对定位模式。为了验证绝对定位的效果,将例 3.3 中 child02 的定位模式改成绝对定位,方法如下:

```
child02{
    position:absolute;                 /* 绝对定位 */
    /* 略 */
}
```

此时，由于child02的父标签采用了相对定位模式，因此child02目前所处的位置是相对于其父标签进行了偏移，同时它的默认位置被child03所占据。需要注意的是，如果仅对标签设置绝对定位，而不设置边偏移量，会导致标签与上移的后续标签在位置上发生重叠，因此，绝对定位应搭配边偏移一起使用。

3.1.6 JavaScript

JavaScript（简称JS）是一种脚本语言，主要用于实现Web页面的交互效果。JavaScript内嵌于HTML文档中，通过浏览器内置的JavaScript引擎进行解释执行，把原本只具有显示功能的页面转变成支持用户交互的页面程序。对于一个网页而言，HTML、CSS和JavaScript分别代表了结构、样式和行为，结构是页面的骨架，样式是页面的外观，行为是页面的交互逻辑。JavaScript由ECMAScript和Web API两部分组成。其中，ECMAScript规定了JavaScript的编程语法和基础内容；Web API则提供了操作浏览器功能和页面元素的接口，包括DOM（Document Object Model，文档对象模型）和BOM（Browser Object Model，浏览器对象模型）两部分内容。DOM和BOM是本项目重要的支撑技术，下文分别予以介绍。

1. DOM

DOM是W3C组织推荐的处理HTML的标准编程接口，通过DOM提供的接口，可以对各种HTML元素进行操作。DOM将HTML文档视为树结构，即DOM树，如图3.5所示。在DOM树中，用节点表示页面上的所有内容，包括元素、属性、文本、注释等，其中，根节点是document，代表整个HTML文档。DOM将文档作为一个对象，它的顶级对象是document。要操作DOM树上的某个元素，可以使用document对象提供的方法和属性，如表3.6所示。

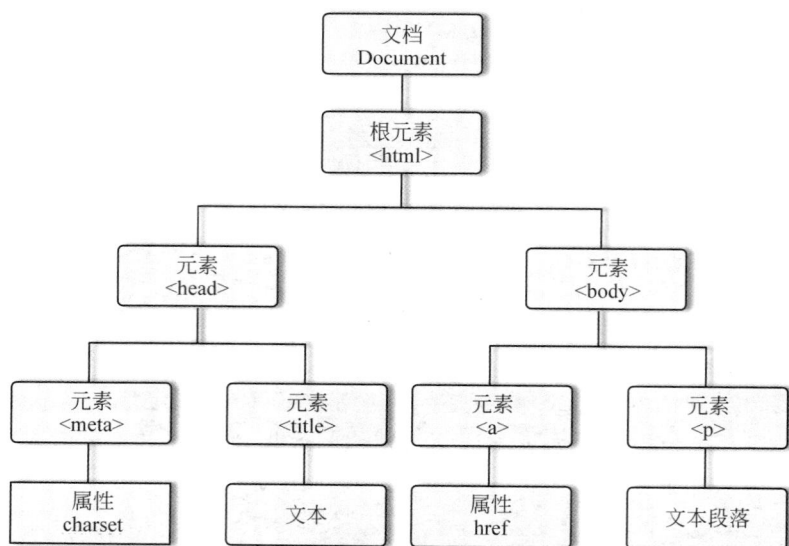

图3.5 DOM树

表 3.6 获取 DOM 元素的常用方法和属性

方　法	说　明
document.getElementById()	根据 id 获取元素
document.getElementsByTagName()	根据标签名获取元素
document.getElementsByName()	根据 name 属性获取元素
document.body	返回文档的 body 元素
document.title	返回文档的 title 元素
document.documentElement	返回文档的 html 元素
document.forms	返回对文档中所有 Form 对象的引用
document.images	返回对文档中所有 Image 对象的引用

2. BOM

BOM 提供了一系列可以与浏览器进行互动的对象,用于实现页面与浏览器之间的动态交互效果。与 DOM 不同的是,BOM 将浏览器当作一个对象,它的顶级对象是 window。window 对象的常用事件如表 3.7 所示。

表 3.7 window 对象的常用事件

事 件 名 称	说　明
window.onload	当文档内容加载完毕时触发该事件
window.onresize	当浏览器窗口大小变化时触发该事件

3.1.7 ECharts

ECharts 是一个开源的 JavaScript 图表库,用于在前端生成各种信息图表,在数据可视化领域应用非常广泛。ECharts 的内容十分丰富,关于它的技术细节,将在第 4 章进行详细介绍。本节拟以"$PM_{2.5}$ 浓度对比条形图"为例,使读者快速上手 ECharts 图表开发。本例拟展示的数据为 11 个监测站的 $PM_{2.5}$ 浓度,如表 3.8 所示。

表 3.8 $PM_{2.5}$ 观测数据

监测站编码	$PM_{2.5}$ 观测值/(μg/m³)	监测站编码	$PM_{2.5}$ 观测值/(μg/m³)
HD01	89.36	LF01	63.88
XT01	149.95	TS01	66.33
HS01	140.07	QHD01	30.39
SJZ01	84.82	ZJK01	21.25
CZ01	101.87	CD01	16.25
BD01	71.02		

本例的开发过程包括 3 个阶段:①准备工作;②图表制作;③图表展示。各阶段的任

务如图 3.6 所示。

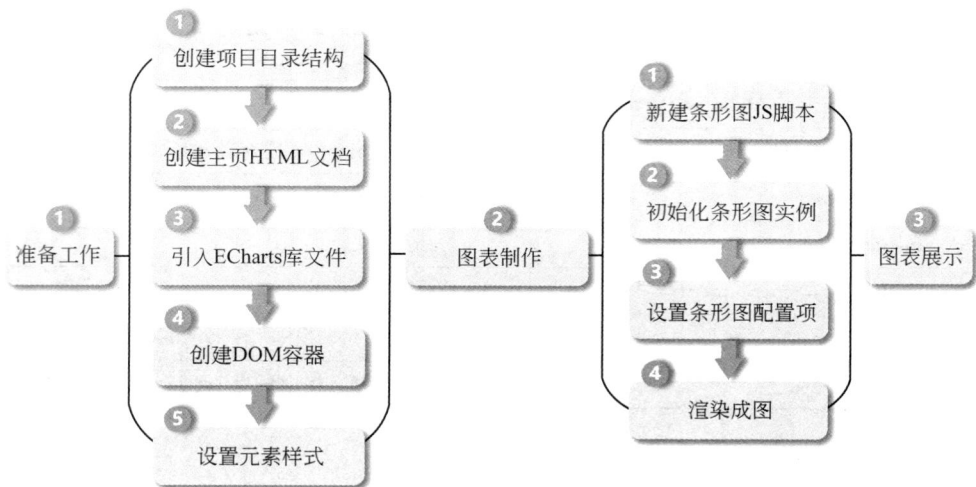

图 3.6 条形图开发流程

下面分别介绍各阶段的具体工作。

1. 准备工作

准备工作阶段包括 5 个环节：①创建项目目录结构；②创建主页 HTML 文档；③引入 ECharts 库文件；④创建 DOM 容器；⑤设置元素样式。各环节的具体工作如下。

1）创建项目目录结构

创建一个名为 Example3.4 的文件夹，作为项目根目录。在该目录下分别创建 CSS 和 JS 目录，用于存放 CSS 文档和 JavaScript 脚本。

2）创建主页 HTML 文档

在项目根目录下新建名为 index.html 的 HTML 文档，作为项目主页。使用 VS Code 生成 HTML 的基本结构，并将页面标题修改为"基本条形图"，代码如下：

```
<!DOCTYPE html>
<html lang="en">
<head>
    <meta charset="UTF-8">
    <meta name="viewport" content="width=device-width, initial-scale=1.0">
    <title>基本条形图</title>
</head>
<body>

</body>
</html>
```

3）引入 ECharts 库文件

从 ECharts 的 GitHub 仓库[①]中下载 ECharts 5.5.0 版本的库文件 echarts.js，放在

---

① https://github.com/apache/echarts/tree/5.5.0/dist

Example3.4/JS 目录下,并在 index.html 的<head>标签中添加引用,方法如下:

```
<script src="JS/echarts.js"></script>
```

4)创建 DOM 容器

ECharts 图表需要放在一个指定了尺寸的 DOM 容器中,容器通常选择<div>标签。在 index.html 的<body>标签中定义一个<div>标签,将其 id 属性设置为 bar,意指条形图,代码如下:

```
<div id="bar"></div>
```

5)设置元素样式

在 Example3.4/CSS 目录下新建名为 main.css 的 CSS 文档,利用 id 选择器对<div>标签的位置和尺寸进行设置,代码如下:

```
#bar {
    position: absolute;              /* 绝对定位模式 */
    width: 70%;                      /* 设置容器的宽度占页面宽度的 50% */
    height: 70%;                     /* 设置容器的高度占页面高度的 70% */
}
```

此时,由于<div>标签的父标签(即<body>标签)并未采用相对定位、绝对定位或固定定位等模式,因此,<div>标签会根据浏览器窗口进行定位并调整尺寸。创建 CSS 文档之后,还需要在 index.html 的<head>标签中添加外链到 main.css 的链接,才能使样式生效,代码如下:

```
<link rel="stylesheet" href="CSS/main.css">              /* 外链样式 */
```

2. 图表制作

图表制作阶段包括如下 4 个环节:①新建条形图 JS 脚本;②初始化条形图实例;③设置条形图配置项;④渲染条形图。各环节的具体工作如下。

1)新建条形图 JS 脚本

在 Example3.4/JS 目录下新建名为 bar.js 的 JS 脚本,用于绘制条形图,并在 index.html 的<body>标签中添加引用,代码如下:

```
<script src="JS/bar.js"></script>        /* 引用 JS 脚本 */
```

2)初始化条形图实例

引入 ECharts 库文件后,系统会自动创建一个全局变量 echarts。在 bar.js 中,基于<div>容器,通过 echarts.init()方法可以初始化 ECharts 的实例对象,代码如下:

```
var container = document.getElementById('bar')        /* 获取 DOM 容器 */
var myBar = echarts.init(container)        /* 初始化 ECharts 的实例对象 myBar */
```

3)设置条形图配置项

设置配置项是 ECharts 图表开发过程中工作量最大的环节,对图表最终所呈现的效果具有决定作用。在 ECharts 中,图表的内容和样式需要在配置项(option)中进行设置。ECharts 提供了丰富的组件和属性,用于对图表进行个性化配置,作为入门案例,本节仅演示几个常用组件的基本用法，关于 ECharts 的更多特性可参阅后续章节。向 bar.js 中添加如下代码：

```
var option = {
    title: {                                      /* 标题组件 */
        text: 'PM2.5浓度对比条形图'                  /* 主标题文本内容 */
    },
    tooltip: {},                                  /* 提示框组件 */
    legend: {                                     /* 图例组件 */
        data: ['PM2.5'],                          /* 数据系列的名称 */
        right: '10%'                              /* 图例与容器右侧的距离 */
    },
    xAxis: {                                      /* 直角坐标系中的 x 轴 */
        data: ['HD01', 'XT01', 'HS01', 'SJZ01', 'CZ01', 'BD01', 'LF01', 'TS01',
            'QHD01', 'ZJK01', 'CD01']             /* x 轴上的数据 */
    },
    yAxis: {},                                    /* 直角坐标系中的 y 轴 */
    series: [{                                    /* 数据系列 */
        name: 'PM2.5',                            /* 数据系列的名称 */
        type: 'bar',                             /* 图表类型,bar 表示条形图 */
        data: [89.36, 149.95, 140.07, 84.82, 101.87, 71.02, 63.88, 66.33, 30.39,
            21.25, 16.25]                         /* y 轴上的数据 */
    }]
}
```

4）渲染条形图

调用 myBar.setOption()方法将配置项应用到 myBar 实例上，并将条形图渲染到<div>容器中，代码如下：

```
myBar.setOption(option)
```

最后，bar.js 的完整内容如下：

```
var container = document.getElementById('bar', null, {renderer: 'svg'})
var myBar = echarts.init(container)
var option = {
    title: {
        text: 'PM2.5浓度对比条形图'
    },
    tooltip: {},
    legend: {
        data: ['PM2.5'],
        left: '10%'
    },
    xAxis: {
        data: ['HD01', 'XT01', 'HS01', 'SJZ01', 'CZ01', 'BD01', 'LF01', 'TS01',
            'QHD01', 'ZJK01', 'CD01']
    },
    yAxis: {},
```

```
    series:[{
        name: 'PM2.5',
        type: 'bar',
        data:[89.36, 149.95, 140.07, 84.82, 101.87, 71.02, 63.88, 66.33, 30.39,
              21.25, 16.25]
    }]
}
myBar.setOption(option)
```

3. 图表展示

浏览图表有两种方式：一是在 VS Code 中打开 index.html，右击，在弹出的快捷菜单中选择 Open in Default Browser 命令，二是在文件系统中直接双击 index.html 文件。两种方式都可以在浏览器中打开页面，图表显示效果如图 3.7 所示。

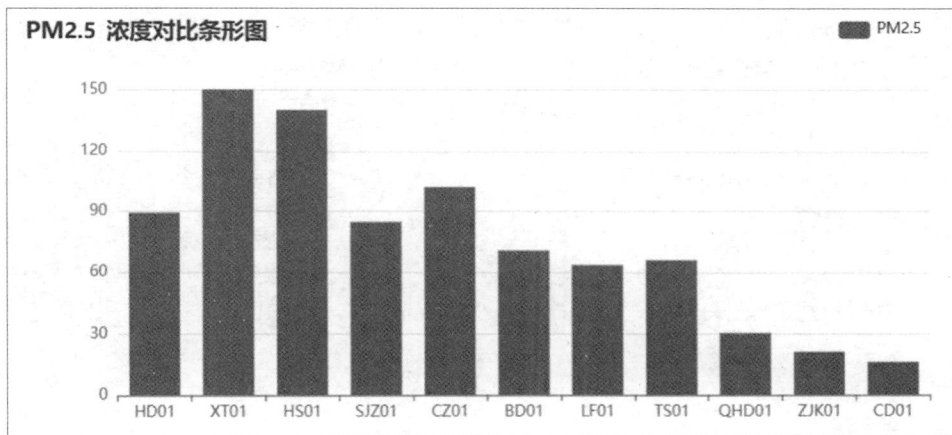

图 3.7 PM$_{2.5}$ 浓度对比条形图

3.1.8 jQuery

jQuery 是一款开源的 JS 库，它通过对 JavaScript 进行函数封装，简化了 HTML 与 JavaScript 之间的操作，使得 DOM 操作、事件处理的实现语法更加简洁，有助于提高前端程序的开发效率。要使用 jQuery，需要下载库文件，并在 HTML 的<head>标签中添加对它的引用，方法如下：

```
<script src="JS/jquery.min.js"></script>
```

本项目引入 jQuery 的目的是支持动态图表的异步加载，主要借助 jQuery 提供的ajax()方法实现。ajax()方法是 jQuery 对 Ajax 技术（Asynchronous JavaScript and XML）的底层实现。Ajax 是一种用于在浏览器与 Web 服务器之间进行异步数据传输的技术，支持页面内容的局部刷新。使用 Ajax，可以使信息图表采用异步的方式加载数据，从而提升页面的响应速度，改善用户体验。原生的 Ajax 是通过 XMLHttpRequest()实现的，逻辑十分复杂，相比之下，jQuery 的 ajax()方法更加简便易用。表 3.9 列举了 ajax()方法的常用参数。

表 3.9   ajax( )方法的常用参数

参　数	说　明
url	处理 Ajax 请求的服务器地址
method	请求方式为 GET 或 POST，默认值为 GET
dataType	请求的数据类型，如 JSON、XML、HTML 等
success	请求成功时触发的回调函数，参数为服务器返回的数据
error	请求失败时触发的回调函数
async	是否异步，true 表示异步，false 表示同步，默认值为 true
cache	是否缓存，true 表示缓存，false 表示不缓存，默认值为 true

以下是使用 ajax( )方法请求 JSON 数据接口的示例程序。系统运行时，前端程序会向地址/json_for_bar 发送请求，请求方式为 GET，请求的数据类型为 JSON。请求成功时，将触发 success 中的回调函数，否则，触发 error 中的回调函数。

```
<script>
  $.ajax({
    url: '/json_for_bar',                      /* 请求地址为 /json_for_bar */
    method: 'GET',                             /* 请求方式为 GET */
    dataType: 'json',                          /* 请求的数据类型为 JSON */
    success: function(data) {...;},            /* 请求成功时的回调函数 */
    error: function(msg) {console.log(msg)}    /* 请求失败时的回调函数 */
  });
</script>
```

3.2   服务器端开发技术

3.2.1   Flask

Flask 是一个基于 Python 的微型 Web 框架，它只保留了 Web 开发的核心功能，使用起来灵活、轻便、易上手，对于初学者十分友好。在编写 Flask 程序之前，需要搭建开发环境，包括创建和激活 Python 虚拟环境、安装 Flask 框架、在 VS Code 中配置 Python 解释器等步骤，这部分内容已在第 2 章进行了介绍。本节仍以"PM$_{2.5}$浓度对比条形图"为例，演示利用 Flask 制作动态图表的基本方法。

动态图表制作包括以下 6 个步骤：①创建项目目录结构；②创建模板文件；③配置模板文件加载路径；④配置静态资源加载路径；⑤启动开发服务器；⑥浏览图表效果。下面分别介绍各环节的具体工作：

1. 创建项目目录结构

创建项目根目录 Example3.5，并在根目录下分别创建 static 及 templates 目录，并将 Example3.4 项目根目录下的 CSS 和 JS 目录及目录下的所有文件复制到 static 目录下。此处的 static 目录用于存放静态资源，如 CSS 文档、JS 脚本、图像文件等，templates 目录用于存放模板文件。Flask 中的模板是为了实现视图与业务的解耦而创建的 HTML 文档。模板文件中除了 HTML 代码,还包含描述如何把数据插入 HTML 代码的动态内容。在 Flask 中使用模板一般分为两个步骤:一是创建模板文件,二是使用 Jinja2 模板引擎渲染模板。下文将详细介绍这两个步骤的实现方法。

2. 创建模板文件

创建模板其实就是创建 HTML 文档。方便起见,将 Example3.4 项目中的 index.html 文档复制到 templates 目录下,作为本项目的模板文件。

3. 配置模板文件加载路径

为了能够使用模板引擎渲染模板,Flask 包中提供了 render_template() 函数,用法如下:

```
render_template(template_name_or_list, **context)
```

其中,template_name_or_list 为必选参数,表示要加载的模板路径。**context 为可选参数,表示向模板文件传递的参数。

下面介绍加载模板文件的方法:在项目根目录下创建名为 server.py 的 Python 脚本文件,在该文件中定义名为 index() 的视图函数,在视图函数中渲染模板文件 index.html,并使用装饰器将 URL 规则"/"与 index() 函数进行绑定。当用户在浏览器中访问 URL"http://127.0.0.1:5000/"时,就会触发 index() 函数,返回经过渲染的 index.html 页面。server.py 的内容如下:

```python
from flask import Flask, render_template     #导入 Flask 和 render_template

app = Flask(__name__)                        #创建 Flask 类的实例对象 app

@app.route("/")                              #装饰器,将 URL 规则"/"与视图函数 index()进行绑定
def index():                                 #定义视图函数
    return render_template("index.html")     #渲染模板文件

if __name__ == '__main__':
    app.run()                                #启动开发服务器
```

4. 配置静态资源加载路径

为了在模板文件中引用静态资源,需要使用 url_for 函数解析静态文件的 URL,用法如下:

```
url_for('static', filename = 'JS/echarts.js')
```

上述代码解析 echarts.js 的 URL 规则为/static/JS/echarts.js。

在模板文件 index.html 中,使用 url_for 函数配置 main.css、echarts.js、bar.js 等静态资源的加载路径,index.html 修改后的内容如下:

```html
<!DOCTYPE html>
<html lang="en">
<head>
    <meta charset="UTF-8">
    <meta name="viewport" content="width=device-width, initial-scale=1.0">
    <script src="{{url_for('static', filename = 'JS/echarts.js')}}"></script>
```

```
    <link rel="stylesheet" href="{{url_for('static', filename =
    'CSS/main.css')}}">
    <title>基本条形图</title>
</head>
<body>
    <div id="bar"></div>
    <script src="{{url_for('static', filename = 'JS/bar.js')}}"></script>
</body>
</html>
```

5. 启动开发服务器

在 VS Code 中使用 Python 解释器运行 server.py，控制台将输出以下内容：

```
* Serving Flask app "server" (lazy loading)
* Environment: production
WARNING: This is a development server. Do not use it in a production deployment.
Use a production WSGI server instead.
* Debug mode: off
* Running on http://127.0.0.1:5000/ (Press CTRL+C to quit)
```

由输出信息可以看出，开发服务器已经成功启动，服务地址为 127.0.0.1，端口号为 5000，这是 app.run()方法的默认参数。

6. 浏览图表效果

在浏览器的地址栏中输入 http://127.0.0.1:5000/并按 Enter 键，将看到图 3.8 所示的页面效果，即经过渲染的 index.html。

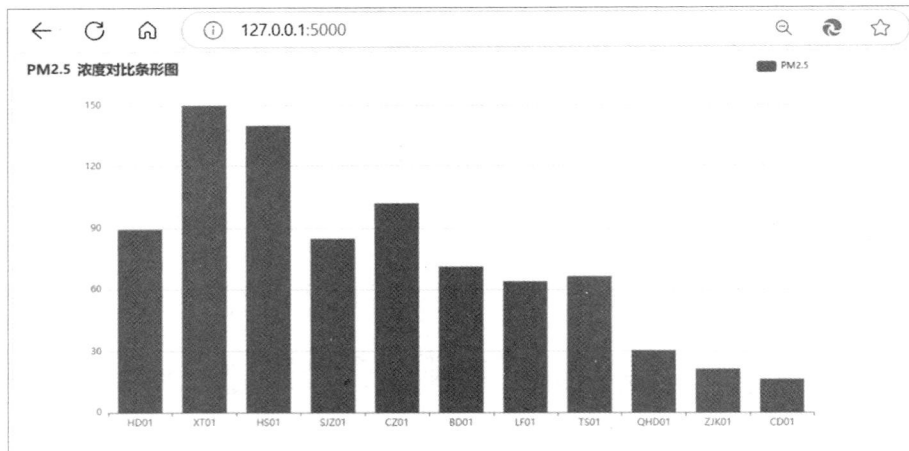

图 3.8　动态条形图

3.2.2　PyMySQL

PyMySQL 是一款用 Python 编写的 MySQL 驱动程序，支持在 Python 程序中执行各种数据库操作，而且提供了包括事务管理、连接池、数据类型转换等高级特性，使得开发数据库驱动的应用程序变得便捷和高效。本节以 $PM_{2.5}$ 数据接入为例，介绍使用 PyMySQL 操作 MySQL 数据库的基本方法。

PM$_{2.5}$数据接入工作主要包括以下 5 个环节：①导入 PyMySQL 模块；②连接 MySQL 数据库；③编写 SQL 查询语句；④执行 SQL 查询操作；⑤打印输出查询结果。下面分别介绍各环节的具体工作。

1. 导入 PyMySQL 模块

新建名为 Example3.6.py 的 Python 脚本文件，使用 import 关键字导入 PyMySQL 模块，代码如下：

```
import pymysql               /*导入 PyMySQL 模块*/
```

2. 连接 MySQL 数据库

PyMySQL 提供了 connect()方法用于连接数据库，该方法的常用参数如表 3.10 所示。

表 3.10 connect()方法的常用参数

参　数	说　明
host	数据库服务器的主机名
port	数据库服务的端口号，MySQL 默认服务端口为 3306
db	数据库的名称
user	数据库的用户名
password	数据库用户的登录密码
charset	编码方式

在 main()方法中通过调用 connect()函数连接 airpollution 数据库，返回数据库连接实例 conn，代码如下：

```
if __name__ == '__main__':
    conf = {
        'host':'127.0.0.1',              #连接本地的 MySQL 服务
        'port':3306,                     #连接 3306 端口
        'db':'airpollution',             #数据库名为 airpollution
        'user':'root',                   #使用 root 用户登录数据库
        'password':'root',               #root 用户的登录密码
        'charset':'utf8mb4'              #编码方式为 utf8mb4
    }
    conn = pymysql.connect(**conf)       #创建数据库连接实例
```

3. 编写 SQL 查询语句

在 main()方法中，用字符串 sql 存储 SQL 查询语句，代码如下：

```
sql = '''
    SELECT
        pm25,
        station
    FROM
        airpollution
    WHERE
        date LIKE "2018-01-01%" AND
```

```
        (
            station = 'HD01' OR
            station = 'XT01' OR
            station = 'HS01' OR
            station = 'SZJ01' OR
            station = 'CZ01' OR
            station = 'BD01' OR
            station = 'LF01' OR
            station = 'TS01' OR
            station = 'QHD01' OR
            station = 'ZJK01' OR
            station = 'CD01'
        )
    '''
```

4. 执行 SQL 查询操作

定义 getData()函数，用于执行 SQL 查询语句并返回查询结果。在 getData()函数中，首先利用 conn.cursor()函数获得数据库游标实例，通过游标实例执行 SQL 语句，再通过 fetchall()函数拉取数据，最后关闭游标并返回查询结果，代码如下：

```
def getData(conn, sql):
    db = conn.cursor()          #获得游标实例
    db.execute(sql)             #执行 SQL 语句
    data = db.fetchall()        #拉取数据
    db.close()                  #关闭游标
    return data                 #返回数据
```

5. 打印输出查询结果

在 main()函数中调用 getData()方法执行查询操作，并将查询结果打印输出，最后关闭数据库连接，代码如下：

```
data = getData(conn, sql)       #执行 SQL 语句，返回查询结果
print(data)                     #打印查询结果
conn.close()                    #关闭数据库连接
```

运行程序，若在控制台打印输出如下信息，说明查询操作已成功执行。输出的内容是一个嵌套的元组，每个元素是由 PM$_{2.5}$浓度值和监测站编码构成的二元组。

```
((103.63, 'CD01'), (89.36, 'HD01'), (149.95, 'XT01'), (140.07, 'HS01'), (101.87,
'CZ01'), (71.02, 'BD01'), (63.88, 'LF01'), (66.33, 'TS01'), (30.39, 'QHD01'),
(21.25, 'ZJK01'), (16.25, 'CD01'))
```

最后，Example3.6.py 的完整内容如下：

```
import pymysql

def getData(conn, sql):
    db = conn.cursor()
    db.execute(sql)
    data = db.fetchall()
```

```
        db.close()
        return data

if __name__ == '__main__':
    conf = {
        'host':'127.0.0.1',
        'port':3306,
        'db':'airpollution',
        'user':'root',
        'password':'root',
        'charset':'utf8mb4'
    }
    sql = '''
        SELECT
            pm25,
            station
        FROM
            airpollution
        WHERE
            date LIKE "2018-01-01%" AND
            (
                station = 'HD01' OR
                station = 'XT01' OR
                station = 'HS01' OR
                station = 'SZJ01' OR
                station = 'CZ01' OR
                station = 'BD01' OR
                station = 'LF01' OR
                station = 'TS01' OR
                station = 'QHD01' OR
                station = 'ZJK01' OR
                station = 'CD01'
            )
    '''
    conn = pymysql.connect( * * conf)
    data = getData(conn, sql)
    print(data)
    conn.close()
```

3.3 数据接口开发技术

3.3.1 JSON 数据交换格式

数据接口是指前后端进行数据交换的规范。在本项目中,数据接口采用 JSON (JavaScript Object Notation,JavaScript 对象简谱)格式。JSON 是一种轻量级的数据交换格式,本质上是一个由键值对组成的字符串。对于 Ajax 应用程序,JSON 比 XML 更易于机器解析和生成,因而更加适用于前后端数据交换的场景。下面是一个用 JSON 字符串表示 $PM_{2.5}$ 观测数据的例子:

```
{"station": ["CD01", "HD01", "XT01", "HS01", "CZ01", "BD01", "LF01", "TS01",
"QHD01", "ZJK01", "CD01"],
"pm25":[103.63, 89.36, 149.95, 140.07, 101.87, 71.02, 63.88, 66.33, 30.39, 21.25,
16.25]}
```

上述字符串中有两个 JSON 对象，第一个 JSON 对象的键为 station，值为一个数组，数组元素是监测站编码；第二个 JSON 对象的键为 pm25，值为各监测站的 PM$_{2.5}$ 观测值。

Python 生态系统中的 JSON 模块提供了 dumps() 函数，用于将 Python 对象编码为 JSON 字符串，它的常用参数如表 3.11 所示。

表 3.11　dumps()函数的常用参数

参　　数	说　　明
obj	待编码的 Python 对象，通常是字典类型
ensure_ascii	是否将字符转换为 ASCII 码，默认值为 True
indent	设置缩进等级，默认值为 None

3.3.2　JSON 数据接口开发

在 3.2.2 节，使用 PyMySQL 从数据库中查询得到了目标数据，本节主要介绍把目标数据组装成 JSON 字符串的方法，包括以下 4 个步骤：①导入 JSON 模块；②组装 JSON 字符串；③打印输出 JSON 字符串；④验证 JSON 合法性。下面分别介绍各步骤的具体工作。

1. 导入 JSON 模块

新建名为 Example3.7.py 的 Python 脚本文件，使用 import 关键字导入 JSON 模块，代码如下：

```
import json                              #导入 JSON 模块
```

2. 组装 JSON 字符串

定义 getJSON() 函数，以从数据库查询得到的目标数据为参数，返回 JSON 字符串，代码如下：

```
def getJSON(data):                       #函数参数为目标数据
    dct = {}                             #创建一个空字典
    stations = []                        #监测站编码列表
    values = []                          #PM2.5 浓度值列表
    for item in data:                    #遍历目标数据
        stations.append(item[1])         #将监测站加入列表
        values.append(item[0])           #将 PM2.5 浓度值加入列表
    dct['station'] = stations            #将监测站键值对写入字典
    dct['pm25'] = values                 #将 PM2.5 浓度值键值对写入字典
    return json.dumps(dct,ensure_ascii=False)  #返回 JSON 字符串
```

3. 打印输出 JSON 字符串

在 main() 函数中调用 getJSON() 方法，将目标数据作为参数传入，并将 JSON 字符串

打印输出,代码如下:

```
if __name__ == '__main__':
    data = ((103.63, 'CD01'), (89.36, 'HD01'), (149.95, 'XT01'), (140.07, 'HS01'),
            (101.87, 'CZ01'), (71.02, 'BD01'), (63.88, 'LF01'), (66.33, 'TS01'),
            (30.39, 'QHD01'), (21.25, 'ZJK01'), (16.25, 'CD01'))
    jsn = getJSON(data)
    print(jsn)
```

运行本程序,将在控制台打印输出如下信息。数据体中包含 station 和 pm25 两组键值对,station 用于存放监测站编码,pm25 用于存放各监测站的 $PM_{2.5}$ 观测数据。

```
{"station": ["CD01", "HD01", "XT01", "HS01", "CZ01", "BD01", "LF01", "TS01",
"QHD01", "ZJK01", "CD01"], "pm25": [103.63, 89.36, 149.95, 140.07, 101.87,
71.02, 63.88, 66.33, 30.39, 21.25, 16.25]}
```

4. 验证 JSON 合法性

为了验证 JSON 字符串的合法性,使用在线 JSON 工具对上述字符串的格式进行检查,若检查结果为"正确的 JSON",则表示 JSON 字符串的格式合法,如图 3.9 所示。

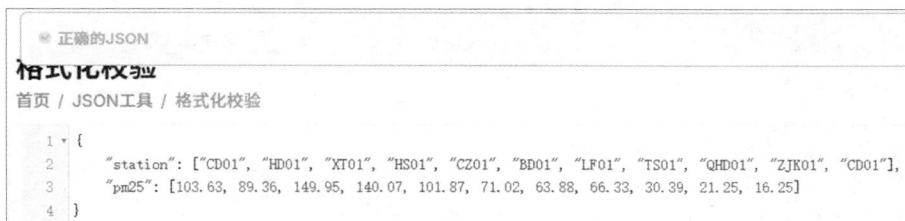

图 3.9　验证 JSON 字符串的合法性

最后,Example3.7.py 的完整内容如下:

```
import json

def getJSON(data):
    dct = {}
    stations = []
    values = []
    for item in data:
        stations.append(item[1])
        values.append(item[0])
    dct['station'] = stations
    dct['pm25'] = values
    return json.dumps(dct, ensure_ascii=False)

if __name__ == '__main__':
    data = ((103.63, 'CD01'), (89.36, 'HD01'), (149.95, 'XT01'), (140.07, 'HS01'),
            (101.87, 'CZ01'), (71.02, 'BD01'), (63.88, 'LF01'), (66.33, 'TS01'),
            (30.39, 'QHD01'), (21.25, 'ZJK01'), (16.25, 'CD01'))
    jsn = getJSON(data)
    print(jsn)
```

本章小结

　　本章主要介绍了数据可视化应用开发所依赖的支撑技术，并提供了一些实战案例。通过本章的学习，读者应对项目的技术体系形成系统性认识，并通过实践掌握 ECharts 基本条形图的制作方法、利用 Flask 开发 Web 应用程序的基本方法、利用 PyMySQL 接入 MySQL 数据库的基本方法，以及基于 Python 的 JSON 数据接口开发方法，为后续的学习和开发工作奠定技术基础。

习题 3

扫一扫

习题

扫一扫

自测题

第  4 章

ECharts详解

学习目标

(1) 了解前端渲染技术的基本概念。

(2) 了解 ECharts 的基础架构。

(3) 了解 ECharts 的常用组件。

(4) 了解 ECharts 组件的常用属性。

4.1 前端渲染技术

在第 3 章中,以一个入门项目"PM$_{2.5}$浓度对比条形图"为例,介绍了 ECharts 图表开发的基本方法,帮助读者形成了对 ECharts 的初步认识。由于 ECharts 是本项目的核心框架,在项目中发挥关键作用,因此,本章将对 ECharts 的技术细节和核心要素进行详细讲解。ECharts 的底层是前端渲染技术。所谓前端渲染,通俗的解释就是在浏览器上绘制 2D/3D 图形的技术,目前主流的解决方案有 Canvas 和 SVG(Scalable Vector Graphics,可缩放矢量图形)两种。

Canvas 和 SVG 的实现原理和使用方式有所不同。Canvas 是基于位图的绘图技术,可以直接操作像素;而 SVG 是基于矢量图形的绘图技术,因此,SVG 图形具有不依赖分辨率的特点。对于浏览器端的图表绘制任务,Canvas 和 SVG 都能够胜任,两者的性能差异主要体现在一些特殊场景中。一般来说,Canvas 适合绘制数据量大、图形元素数量较多的图表(如热力图、平行坐标图、地图等);而 SVG 则更适用于软硬件性能受限的边缘设备。ECharts 对这两种渲染器都提供了支持,如何选择,需要根据软硬件环境、数据量、功能需求综合考虑。

4.2 ECharts 的基础架构

ECharts 的早期版本是基于 Canvas 技术开发的,底层是 ZRender 基础类库,从 4.0 版本开始支持 SVG 渲染器。ECharts 提供了渲染器配置参数,在初始化图表实例时,只需将

renderer 参数设置为 canvas 或 svg，即可指定渲染器的类型，方法如下：

```
//使用 Canvas 渲染器(默认)
var chart = echarts.init(containerDom, null, {renderer: 'canvas'});
//等价于:
var chart = echarts.init(containerDom)
//使用 SVG 渲染器
var chart = echarts.init(containerDom, null, {renderer: 'svg'})
```

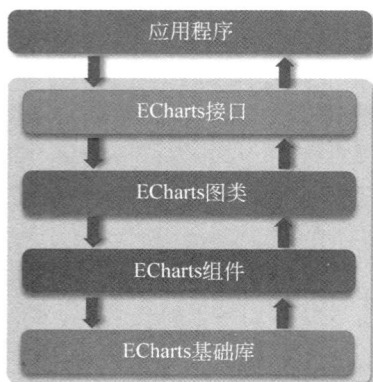

图 4.1　ECharts 的基础架构

为了屏蔽底层技术的复杂性，ECharts 向上提供了组件、图类和接口 3 个层次的 API，如图 4.1 所示。ZRender 基础库的上层是组件，包括构成图表的一些通用元素，常用的有标题（title）、提示（tooltip）、工具箱（toolbox）、图例（legend）、网格（grid）、坐标轴（axis）、极坐标（polar）、数据区域缩放（dataZoom）、值域漫游（dataRange）和时间轴（timeline）等。组件的上层是图类，即图表类型，ECharts 支持 22 种图表，常用的有条形图（bar）、折线图（line）、仪表盘（gauge）、热力图（heatmap）、平行坐标图（parallel）、雷达图（radar）、饼图（pie）、散点图（scatter）、地图（map）等。图类的上层是接口，用于支持图表混搭、多图联动等高级特性。在使用 ECharts 制作图表时，只需要调用组件、图类和接口即可完成开发任务，使开发人员就可以聚焦于核心业务，而不必关注底层的实现细节，从而提高了开发效率。

4.3　ECharts 的常用组件

组件是构成 ECharts 图表的基本元素，比较常用的组件如表 4.1 所示。

表 4.1　ECharts 常用组件

组　　件	说　　明
title	标题组件，用于设置图表的主标题和副标题
tooltip	提示框组件，在鼠标悬停或单击数据时弹窗显示详细信息
toolbox	工具箱组件，包含保存为图片、配置项还原、数据视图、数据区域缩放、动态类型切换 5 个工具
legend	图例组件，用于描述数据和图形的关联
grid	直角坐标系内绘图网格，用于定义直角坐标系的布局和样式
xAxis	直角坐标系中的横轴，默认为类目型（category）
yAxis	直角坐标系中的纵轴，默认为数值型（value）
dataZoom	数据区域缩放组件，用于控制数轴的显示范围
series	数据系列，用于设置图表的类型及数据的内容
visualMap	视觉映射组件，用于将数据映射到颜色、大小等图形属性上

组 件	说 明
calendar	日历坐标系组件,用于实现日历热力图
parallel	平行坐标系组件,适用于高维数据可视化
parallelAxis	平行坐标系的坐标轴组件

4.4 ECharts 组件的常用属性

ECharts 组件的内容和样式是通过属性进行设置的。考虑到 ECharts 属性的数量众多,本节仅对常用属性进行介绍。对于一些支持特殊功能的组件,如视觉映射、日历坐标系、平行坐标系等,将在后续章节进行介绍。

4.4.1 标题组件

标题组件(title)用于为图表设置主、副标题。标题命名的原则是开门见山、言简意赅,旨在帮助用户快速、准确地理解图表的意图。标题组件的常用属性如表 4.2 所示。

表 4.2 标题组件的常用属性

属 性	说 明	属 性	说 明
text	主标题文本的内容	subtextStyle	副标题文本的样式
textStyle	主标题文本的样式	left	标题组件与容器左侧的距离
subtext	副标题文本的内容	top	标题组件与容器上部的距离

在标题组件的常用属性中,left 和 top 是用于设置布局方式的属性,ECharts 中所有需要进行定位的组件都有这两个属性。它们的取值可以是像素值(如 20),或者相对于容器高宽的百分比(如 20%),也可以是九宫格布局中的 left、center、right。九宫格布局是 ECharts 中一种基本的布局方式,它把容器分成 3 行 3 列的 9 个区域,每个区域的位置使用形如 (left,top) 的二元组来表示,其中,left 表示水平位置,top 表示垂直位置。水平位置从左至右依次为 left、center 和 right,垂直位置从上至下依次为 top、center 和 bottom,如图 4.2 所示。

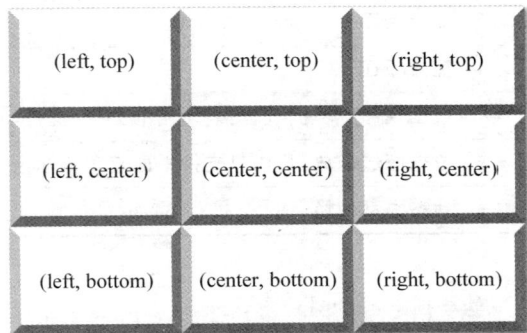

(left, top)	(center, top)	(right, top)
(left, center)	(center, center)	(right, center)
(left, bottom)	(center, bottom)	(right, bottom)

图 4.2 九宫格布局示意图

4.4.2　提示框组件

提示框组件（tooltip）又称弹窗组件，用于在鼠标悬停或单击数据时弹窗显示提示信息。提示框组件支持使用 formatter 属性实现格式化输出，以增强用户的交互体验。提示框组件的常用属性如表 4.3 所示。

表 4.3　提示框组件的常用属性

属　　性	说　　明
trigger	触发类型，取值可选 item、axis 或 none，其中 item 表示数据项触发，适用于散点图、饼图等无类目轴的图表；axis 表示坐标轴触发，适用于条形图、折线图等具备类目轴的图表；none 表示不触发
formatter	格式化器，支持字符串模板和回调函数两种形式
axisPointer	坐标轴指示器，是指示坐标轴当前刻度的工具，鼠标悬浮时显示标线和刻度文本
axisPointer.type	指示器类型，取值可选 line（直线指示器）、shadow（阴影指示器）、cross（十字准星指示器）、none（无指示器）
axisPointer.label	坐标轴指示器的文本标签
axisPointer.label.show	是否显示文本标签，取值可选 false（隐藏，默认值）或 true（显示）

4.4.3　工具栏组件

工具栏组件（toolbox）提供了 5 个工具：导出图片（saveAsImage）、重置（restore）、数据视图（dataView）、数据区域缩放（dataZoom）和动态类型切换（magicType）。工具栏组件最重要的属性是 feature，提供了对工具进行配置的一系列子属性。工具栏组件的常用属性如表 4.4 所示。

表 4.4　工具栏组件的常用属性

属　　性	说　　明
show	是否显示，取值可选 true（显示）和 false（隐藏）
itemSize	工具栏图标的大小，单位为像素值
feature	各种工具的相关配置，包含若干子属性
feature.saveAsImage	保存为图片
feature.restore	配置项还原
feature.dataView	数据视图，展现当前图表所用的数据，支持动态更新
feature.dataZoom	数据区域缩放，目前只支持平面直角坐标系
feature.magicType	动态类型切换

4.4.4　图例组件

图例组件（legend）用不同的形状、颜色来标记不同的数据系列，表达了数据与图形的关联。用户可以通过单击图例控制数据系列的显示或隐藏。当图例数量较多时,还可以通过 type 属性实现分页显示和滚动翻页。图例组件的常用属性如表 4.5 所示。

表 4.5　图例组件的常用属性

属　　性	说　　明
type	图例类型,取值可选 plain(普通)和 scroll(可滚动翻页)
orient	布局方向,取值可选 horizontal(水平)和 vertical(垂直)
textStyle	图例的公用文本样式
formatter	格式化器,支持字符串模板和回调函数两种形式
data	图例对应的数据系列,每个数组元素代表一个系列。若不设置 data,则自动从当前系列中获取

4.4.5　网格组件

在 ECharts 的平面直角坐标系中,有两个重要的组件:网格和坐标轴。其中,网格组件 (grid)用于定义坐标系中网格的布局和样式,它的常用属性如表 4.6 所示。

表 4.6　网格组件的常用属性

属　　性	说　　明
show	是否显示网格,取值可选 true(显示)和 false(隐藏,默认值)
width	网格的宽度,默认值为 auto(自适应)
height	网格的高度,默认值为 auto(自适应)
containLabel	网格区域是否包含坐标轴的刻度标签,常用于防止标签溢出,取值可选 true(包含)和 false(不包含,默认值)

4.4.6　坐标轴组件

坐标轴是平面直角坐标系中另一个重要的组件,一个网格内最多可以放置上下两条横轴和左右两条纵轴。ECharts 中提供了 4 种类型的坐标轴:类目型、数值型、时间型和对数型。

(1) 类目型适用于离散的类目数据,横轴组件(xAxis)默认为类目型。

(2) 数值型适用于连续数据,纵轴组件(yAxis)默认为数值型。

(3) 时间型适用于连续的时序数据,用法与数值型的非常相似,只是在显示时会自动将刻度单位转换为时间,并根据时间跨度的范围自动切换时间粒度,例,若时间跨度以年计,则自动将最小刻度单位设置为月;若时间跨度以小时计,则自动将最小刻度单位设置为分钟。

(4) 对数型是一种非线性等距的坐标轴,适用于两个维度上的数据变化范围存在量级差的情形,例如,对于函数 $y = \lg(x^2)$,当 x 从 0 变化到 10000 时,y 从 1 变化到 8,在绘图时应对 x 轴使用对数坐标。坐标轴组件的常用属性如表 4.7 所示。

表 4.7　坐标轴组件的常用属性

属　　性	说　　明
type	坐标轴类型,取值可选 category(类目型)、value(数值型)、time(时间型) 和 log(对数型)
show	是否显示坐标轴,取值可选 true(显示,默认值)和 false(隐藏)
alignTicks	是否开启自动对齐刻度,取值可选 false(关闭,默认值)和 true(开启)。只 对数值轴和对数轴有效
position	坐标轴的位置。第一条横轴默认为 bottom,第一条纵轴默认为 left
name	坐标轴的名称
nameTextStyle	坐标轴名称的文本样式
boundaryGap	坐标轴两边留白策略。类目轴和非类目轴的设置和表现不同:在类目轴 中,取值为 true(默认)和 false,此时刻度仅作为分隔线。在非类目轴中, 是一个具有两个值的数组,分别表示数据最小值和最大值的延伸范围,可 以直接设置数值或百分比,在设置 min 和 max 后无效
min	坐标轴标签最小值,会自动根据具体数值进行调整
max	坐标轴标签最大值,会自动根据具体数值进行调整
splitNumber	坐标轴的分割段数,只是一个预估值,实际显示的段数会在此基础上根据 易读程度进行调整。在类目轴中无效
minInterval	坐标轴刻度的最小间隔,仅对数值轴或时间轴有效
maxInterval	坐标轴刻度的最大间隔,仅对数值轴或时间轴有效
axisLabel	坐标轴刻度标签的相关设置,包含若干子属性
axisLabel.rotate	刻度标签旋转的角度,取值范围是 −90°～90°
axisLabel.showMinLabel	是否显示最小刻度的标签,默认自动判定
axisLabel.showMaxLabel	是否显示最大刻度的标签,默认自动判定
axisPointer	坐标轴指示器配置项,包含若干子属性
axisPointer.label	坐标轴指示器的文本标签,包含若干子属性
axisPointer.label.formatter	文本标签的格式化器,取值为字符串模板或回调函数
data	类目数据,在类目轴中有效

4.4.7　区域缩放组件

区域缩放组件(dataZoom)用于控制数轴的显示范围,实现数据整体视图和局部视图之间的切换,便于用户观察数据的整体或局部分布特征。ECharts 中提供了内置型、滑动条型和框选型 3 种类型的区域缩放组件,其中,内置型位于坐标系中,支持在坐标系上通过鼠标拖曳、鼠标滚轮、手指滑动(触屏上)来缩放或漫游坐标系;滑动条型提供了独立的滑动条,支持在滑动条上进行缩放或漫游;框选型是工具栏组件中的一个工具,提供了一个用于数据区域缩放的选框,需要在工具栏组件的 feature 属性中进行设置。区域缩放组件的常用属性如

表 4.8 所示。

表 4.8 区域缩放组件的常用属性

属　　性	说　　明
type	组件类型，取值可选 inside(内置型)和 slider(滑动条型)
orient	布局方向，取值可选 horizontal(水平)和 vertical(垂直)
xAxisIndex	设置区域缩放组件控制的 x 轴，值为坐标轴的编号
yAxisIndex	设置区域缩放组件控制的 y 轴，值为坐标轴的编号
start	数据窗口范围的起始百分比，范围是 0~100%，与 end 属性共同决定数据窗口的范围
end	数据窗口范围的结束百分比，范围是 0~100%，与 start 属性共同决定数据窗口的范围

4.4.8 数据系列组件

数据系列组件(series)用于设置图表类型和数据内容，是每个 ECharts 图表实例必不可少的组件。图表类型不同，数据系列组件的属性也有所区别，一些通用的属性如表 4.9 所示。

表 4.9 数据系列组件的常用属性

属　　性	说　　明
type	图表的类型，例如，bar 表示条形图、line 表示折线图、gauge 表示仪表盘、parallel 表示平行坐标系、map 表示地图
name	数据系列的名称，用于提示框的显示和图例的筛选
data	数据体，内容为一数组

本章小结

本章首先介绍了前端渲染技术的基本概念，然后介绍了 ECharts 的基础架构，最后重点介绍了 ECharts 的常用组件和常用属性。通过本章的学习，读者将对 ECharts 框架形成整体性认识，了解 ECharts 常用组件和常用属性的含义和功能，为后续的开发工作做好技术准备。

习题 4

扫一扫

习题

扫一扫

自测题

第 **5** 章

条 形 图

学习目标

(1) 了解条形图的概念、特点和应用场景。

(2) 了解静态和动态图表的概念、特点和开发技术。

(3) 掌握利用 Web 前端开发技术制作静态条形图的方法。

(4) 掌握综合利用 Web 前后端开发技术制作动态条形图的方法。

(5) 掌握使用浏览器开发者工具进行程序调试的方法。

5.1 条形图简介

条形图是一种常用的统计图表,它用一系列长度不等的纵向或横向条纹来表现数据的分布情况。条形图的核心思想是对比,它利用人眼对高度差异敏感的特点,适合用来展示数据之间的差异。本项目拟使用条形图展示 2018 年 1 月 1 日若干监测站 $PM_{2.5}$ 浓度的日平均值,用于对比不同站点的 $PM_{2.5}$ 污染情况。为了便于读者学习,从相对简单的静态条形图入手,之后将其改造为动态版,循序渐进地介绍 ECharts 条形图的开发技术。

5.2 静态条形图

扫一扫

视频讲解

静态条形图属于纯前端的应用程序,开发技术仅涉及 HTML、CSS、JavaScript 和 ECharts。静态条形图的数据存储在前端代码中,可以直接渲染成图,而不需要经过数据抽取、转换和加载的过程,因此,开发难度相对较低,但同时功能也比较薄弱,适用于实验环境中小规模数据集的可视化。静态条形图的开发过程包括准备工作、图表制作、图表展示 3 个阶段。

5.2.1 准备工作

准备工作包括 6 个环节:①创建项目目录结构;②创建 HTML 文档;③引入 ECharts 库文件;④创建 DOM 容器;⑤设置元素样式;⑥数据准备。下面分别介绍各环节的具体工作。

1. 创建项目目录结构

创建项目根目录 AirPollution_Bar_Static,并在根目录下分别创建 CSS 和 JS 目录,用于存放 CSS 文档和 JavaScript 脚本。

2. 创建 HTML 文档

在项目根目录下新建名为 index.html 的 HTML 文档,作为项目主页。使用 VS Code 快速生成 HTML 的基本结构,并将页面标题修改为"静态条形图",代码如下:

```html
<!DOCTYPE html>
<html lang="en">
<head>
    <meta charset="UTF-8">
    <meta name="viewport" content="width=device-width, initial-scale=1.0">
    <title>静态条形图</title>
</head>
<body>

</body>
</html>
```

3. 引入 ECharts 库文件

将 ECharts 库文件 echarts.js 放置于 AirPollution_Bar_Static/JS 目录下,并在 index.html 的<head>标签中添加引用,代码如下:

```html
<script src="JS/echarts.js"></script>
```

4. 创建 DOM 容器

在 index.html 的<body>标签中定义一个<div>标签,将其 id 属性设置为 bar,作为条形图的容器,代码如下:

```html
<div id="bar"></div>
```

5. 设置元素样式

在 AirPollution_Bar_Static/CSS 目录下新建名为 main.css 的 CSS 文档,将页面的背景颜色设置为黑色,并设置<div>容器的位置和尺寸,代码如下:

```css
body {
    background-color: black;        /*将页面背景颜色设置为黑色*/
}

#bar {
    position: absolute;
    left: 15%;                      /*容器左边框与页面左侧的距离为页面宽度的15%*/
    top: 15%;                       /*容器上边框与页面上部的距离为页面高度的15%*/
    width: 70%;                     /*设置容器的宽度占页面宽度的70%*/
    height: 70%;                    /*设置容器的高度占页面高度的70%*/
}
```

在 index.html 的<head>标签中添加外链到 main.css 的链接,使样式生效。index.html

的完整内容如下：

```
<!DOCTYPE html>
<html lang="en">
  <head>
    <meta charset="UTF-8" />
    <meta name="viewport" content="width=device-width, initial-scale=1.0" />
    <script src="JS/echarts.js"></script>
    <link rel="stylesheet" href="CSS/main.css" />
    <title>静态条形图</title>
  </head>

  <body>
    <div id="bar"></div>
    <script src="JS/bar.js"></script>
  </body>
</html>
```

6. 数据准备

在数据准备阶段，需要根据图表的需求，采集数据并将数据整理成图表支持的格式。在本例中，需要为条形图的 x 轴组件和数据系列组件准备数据。x 轴上显示的是各监测站的编码，按照 data 属性的要求，将数据整理为如下格式：

```
["HD01","XT01","HS01","SJZ01","CZ01","BD01","LF01","TS01","QHD01","ZJK01",
"CD01",]
```

数据系列组件中存储的是各监测站 PM$_{2.5}$ 浓度的日平均值，与 x 轴上的数据一一对应，按照 data 属性的要求，将数据整理为如下格式：

```
[89.36, 149.95, 140.07, 84.82, 101.87, 71.02, 63.88, 66.33, 30.39, 21.25,16.25,]
```

5.2.2　图表制作

条形图制作阶段包括以下 5 个环节：①新建条形图 JS 脚本；②初始化条形图实例；③设置条形图配置项；④应用配置项；⑤启用自适应缩放。下面分别介绍各环节的具体工作。

1. 新建条形图 JS 脚本

在 AirPollution_Bar_Static/JS 目录下新建名为 bar.js 的 JS 脚本，用于绘制条形图，并在 index.html 的<body>标签中添加引用，代码如下：

```
<script src="JS/bar.js"></script>              /* 引用 JavaScript 脚本 */
```

2. 初始化条形图实例

在 bar.js 中，通过 document.getElementById()方法获得将被作为条形图容器的 DOM 元素，并命名为 container，然后使用 echarts.init()方法初始化一个名为 myBar 的 ECharts 实例，代码如下：

```
let container = document.getElementById('main');           //获取 DOM 容器
let myBar = echarts.init(container, null, {renderer: "svg"}); //初始化条形图实例
```

3. 设置条形图配置项

设置条形图配置项是条形图制作过程中工作量最大的环节,对于条形图最终所呈现的效果具有决定性作用。ECharts 提供了丰富的配置项,其中多数配置项都提供了默认值,完全可以胜任常规的项目需求,因此,在开发过程中,应遵循"如无必要,勿增实体"的原则,在不影响图表功能的前提下,使用尽可能少的配置项去完成开发工作,对于有默认值的配置项,能用尽用,这样做有助于控制项目的复杂度,保证项目进度。在本例中,使用了标题、提示框、工具栏、图例、网格、x 轴、y 轴、区域缩放、数据系列 9 个组件,下面分别介绍每个组件的配置方法。

1) 标题组件

标题组件用于设置条形图主、副标题的内容和样式,代码如下:

```
title: {                                   //标题组件
  text: "PM2.5浓度对比条形图",              //设置主标题文本的内容
  textStyle: {                             //设置主标题文本的样式
    color: "lightgray",                    //设置文本颜色
    fontSize: 28,                          //设置字号
  },
  subtext: "监测时间: 2018 年 1 月 1 日",    //设置副标题文本的内容
  subtextStyle: {                          //设置副标题文本的样式
    color: "lightgray",
    fontSize: 18,
  },
  left: "center",                          //设置标题组件的水平位置为居中
},
```

2) 提示框组件

提示框组件用于在鼠标悬停或单击数据时弹窗提示信息。为了便于观察数据,本例使用了阴影指示器,代码如下:

```
tooltip: {                                 //提示框组件
    trigger: "axis",                       //设置提示框的触发类型为坐标轴触发
    axisPointer: {                         //坐标轴指示器
        type: "shadow",                    //设置指示器类型为阴影指示器
        label: {
            show: true,                    //显示坐标轴指示器的文本标签
        },
    },
},
```

3) 工具栏组件

工具栏组件提供了导出图片、重置、数据视图、数据区域缩放和动态类型切换 5 个工具,代码如下:

```
toolbox: {                                 //工具栏组件
    show: "true",                          //设置显示工具栏组件
    itemSize: 24,                          //设置工具栏图标的尺寸为 24 像素
    right: 40,                             //设置工具栏的水平位置为距离容器右侧 40 像素
```

```
    feature: {                              //各工具配置项
        saveAsImage: {show: true},          //显示"保存为图片"工具
        restore: {show: true},              //显示"配置项还原"工具
        dataView: {                         //"数据视图"工具
            readOnly: false,                //关闭只读功能
        },
        dataZoom: {show: true},             //显示"数据区域缩放"工具
        magicType: {                        //"动态类型切换"工具
            type: ["line", "bar"],          //设置图表为折线图和条形图两种动态类型切换
        }
    },
},
```

4）图例组件

图例组件用于表达数据与图形的关联，代码如下：

```
legend: {                                   //图例组件
    show: true,                             //显示图例组件
    data: ["PM2.5浓度"],                    //设置图例对应数据系列的名称
    right: 40,                              //设置图例的水平位置
    top: 60,                                //设置图例的垂直位置
    textStyle: {                            //设置图例文本的样式
        color: "lightgray",
        fontSize: 18,
    },
},
```

5）网格组件

条形图是平面直角坐标系下的图表，网格组件用于定义坐标系中网格的布局和样式，代码如下：

```
grid: {                                     //网格组件
    top: "20%",                             //设置网格组件的垂直位置
    left: "center",                         //设置网格组件的水平位置
    width: "80%",                           //设置网格组件的宽度
    height: "65%",                          //设置网格组件的高度
    containLabel: true,                     //设置网格区域包含坐标轴的刻度标签,防止标签溢出
},
```

6）x轴组件

在本例中，x轴为类目轴，用于存放各监测站的编码，代码如下：

```
xAxis: {                                    //x轴组件
    axisLabel: {                            //设置x轴刻度标签
        interval: 0,                        //强制显示所有标签
        color: "lightgray",                 //设置刻度标签的颜色
        fontSize: 18,                       //设置刻度标签的字号
    },
    data: ["HD01","XT01","HS01","SJZ01","CZ01","BD01","LF01","TS01","QHD01",
        "ZJK01","CD01",],                   //数据体
},
```

7) y 轴组件

在本例中，y 轴为数值轴，用于存放各监测站的 PM2.5 观测数据，代码如下：

```
yAxis: {                          //y轴组件
    name: "单位：μg/m3",           //设置y轴的名称
    nameTextStyle: {              //设置y轴名称的样式
        color: "lightgray",
        fontSize: 18,
    },
    axisLabel: {                  //设置y轴刻度标签
        color: "lightgray",
        fontSize: 18
    },
},
```

8) 区域缩放组件

在本例中，使用两个滑动条形区域缩放组件，分别控制 x 轴和 y 轴，代码如下：

```
dataZoom:[                        //区域缩放组件
    {
        start: 60,                //设置x轴的起始百分比为60%
        end: 100                  //设置x轴的结束百分比为100%
    },
    {
        yAxisIndex: 0,            //设置组件控制的y轴编号
        right: "5%",              //设置y轴滚动轴的水平位置
    },
],
```

9) 数据系列组件

数据系列组件用于设置图表的类型、样式和数据体，代码如下：

```
series:[                          //数据系列组件
    {
        name: "PM2.5浓度",         //数据系列的名称
        type: "bar",             //设置图表类型为条形图
        data:[89.36, 149.95, 140.07, 84.82, 101.87, 71.02, 63.88, 66.33, 30.39,
            21.25,16.25,],        //数据体
    },
],
```

4. 应用配置项

使用 myBar.setOption()方法将配置项应用到 myBar 实例上，并将条形图渲染到指定的 DOM 容器中，代码如下：

```
myBar.setOption(option)
```

5. 启用自适应缩放

自适应缩放是指图表能够自动改变大小去适应容器尺寸的变化，可以通过在 window.onresize 事件中调用 ECharts 实例的 resize()方法实现。window.onresize 是一个 JS 事件，用于在窗口大小发生改变时触发相应的函数。ECharts 实例的 resize()方法中提供了

animation 参数，用于启用改变大小过程中的缓动动画。实现自适应缩放的代码如下：

```
window.onresize = function () {
  myBar.resize({
    animation: {                         //改变大小时启用缓动动画
      duration: 500,                     //缓动动画的持续时间为 500 毫秒
      easing: 'linear'                   //缓动动画的效果为线性
    }
  })
}
```

最后，bar.js 的完整内容如下：

```
let container = document.getElementById("bar")
let myBar = echarts.init(container, null, {renderer: "svg"})
let option = {
  title: {
    text: "PM2.5浓度对比条形图",
    textStyle: {
      color: "lightgray",
      fontSize: 28,
    },
    subtext: "监测时间：2018 年 1 月 1 日",
    subtextStyle: {
      color: "lightgray",
      fontSize: 18,
    },
    left: "center",
  },
  tooltip: {
    trigger: "axis",
    axisPointer: {
      type: "shadow",
      label: {
        show: true,
      },
    },
  },
  toolbox: {
    show: "true",
    itemSize: 24,
    right: 40,
    feature: {
      saveAsImage: {show: true},
      restore: {show: true},
      dataView: {
        readOnly: false,
      },
      dataZoom: {show: true},
      magicType: {
        type: ["line", "bar"],
```

```
      },
    },
  },
  legend: {
    show: true,
    data: ["PM2.5浓度"],
    right: 40,
    top: 60,
    textStyle: {
      color: "lightgray",
      fontSize: 18,
    },
  },
  grid: {
    top: "20%",
    left: "center",
    width: "80%",
    height: "65%",
    containLabel: true,
  },
  xAxis: {
    axisLabel: {
      interval: 0,
      color: "lightgray",
      fontSize: 18,
    },
    data: ["HD01","XT01","HS01","SJZ01","CZ01","BD01","LF01","TS01",
          "QHD01","ZJK01","CD01",],
  },
  yAxis: {
    name: "单位: μg/m3",
    nameTextStyle: {
      color: "lightgray",
      fontSize: 18,
    },
    axisLabel: {
      color: "lightgray",
      fontSize: 18,
    },
  },
  dataZoom: [
    {
      start: 60,
      end: 100,
    },
    {
      yAxisIndex: 0,
      right: "5%",
    },
  ],
```

```
    series: [
      {
        name: "PM2.5浓度",
        type: "bar",
        data: [89.36, 149.95, 140.07, 84.82, 101.87, 71.02, 63.88, 66.33, 30.39,
            21.25,16.25,],
      },
    ],
}
myBar.setOption(option)
window.onresize = function () {
  myBar.resize({
    animation: {
      duration: 500,
      easing: 'linear'
    }
  })
}
```

5.2.3　图表展示

使用浏览器打开 index.html，查看图表显示效果，如图 5.1 所示。

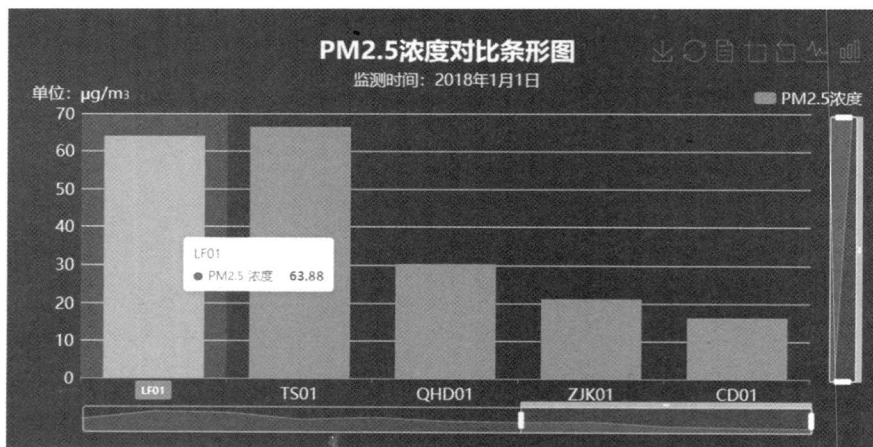

图 5.1　静态条形图

项目中各种资源的说明如表 5.1 所示。

表 5.1　项目资源列表

相 对 路 径	说　　明	相 对 路 径	说　　明
/CSS/main.css	CSS 文档	/JS/echarts.js	ECharts 库文件
/JS/bar.js	条形图创建脚本	/index.html	HTML 文档

扫一扫

视频讲解

5.3 动态条形图

动态条形图是一种基于 Web 服务的、重量级的应用程序,需要综合使用前后端开发技术。在本例中,动态条形图的数据源来自 MySQL 数据库,数据可视化需要经过数据抽取、转换、加载和渲染过程,因此,开发难度相对较高,但同时功能也比较强大,适用于生产环境中大规模数据集的可视化。动态条形图的开发过程同样包括准备工作、图表制作、图表展示3 个阶段,下面分别介绍各阶段的具体工作。

5.3.1 准备工作

准备工作阶段包括 3 个环节:①创建项目目录;②配置静态资源加载路径;③配置模板文件加载路径。下面分别介绍各环节的具体工作。

1. 创建项目目录

动态条形图可以在静态版的基础上改造而成。在本地复制一份静态项目的根目录,并更名为 AirPollution_Bar_Dynamic,作为动态版的根目录。之后,在项目根目录下分别创建 static 及 templates 目录,其中 static 目录用于存放静态资源,包括 CSS 文档和 JS 脚本;templates 目录用于存放模板文件,即 HTML 文档。将 CSS 和 JS 目录移至 static 目录下,将 index.html 文档移至 templates 目录下。项目的目录结构如图 5.2 所示。

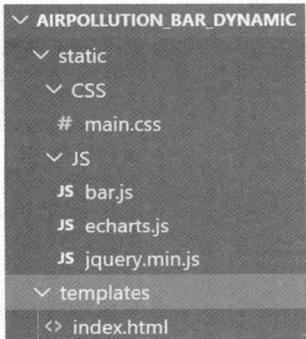

图 5.2 项目的目录结构

2. 配置静态资源加载路径

默认情况下,Flask 程序会到 static 目录下加载静态文件。在模板文件 index.html 中,使用 url_for()函数配置静态资源的加载路径,修改后的 index.html 内容如下:

```
<!DOCTYPE html>
<html lang="en">

<head>
    <meta charset="UTF-8">
    <meta http-equiv="X-UA-Compatible">
    <meta name="viewport" content="width=device-width, initial-scale=1.0">
    <script src="{{url_for('static',filename='JS/echarts.js')}}"></script>
    <script src="{{url_for('static',filename='JS/jquery.min.js')}}"></script>
    <script src="{{url_for('static',filename='JS/utils.js')}}"></script>
    <link rel="stylesheet" href="{{url_for('static',filename='CSS/main.css')}}">
    <title>动态条形图</title>
</head>

<body>
    <div id="bar"></div>
    <script src="{{url_for('static',filename='JS/bar.js')}}"></script>
</body>

</html>
```

3. 配置模板文件加载路径

在项目根目录下创建名为 server.py 的 Python 脚本文件，在该文件中初始化 Flask 实例，并定义名为 index() 的视图函数，在视图函数中渲染模板文件 index.html，并利用装饰器将 URL 规则 "/" 与 index() 进行绑定。开发服务器启动后，当用户在浏览器中访问 URL "http://127.0.0.1:5000/" 时，就会触发 index() 函数，返回经过渲染的 index.html 页面。server.py 的内容如下：

```python
from flask import Flask, render_template

app = Flask(__name__)

@app.route("/")
def index():
    return render_template("index.html")

if __name__ == '__main__':
    app.run()
```

5.3.2 图表制作

图表制作阶段包括数据抽取、数据转换、数据加载和数据渲染 4 个环节，各环节的工作任务如图 5.3 所示。

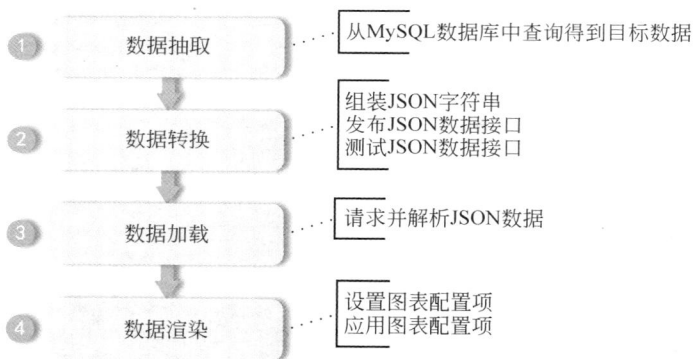

图 5.3 动态条形图制作过程

1. 数据抽取

数据抽取的任务是从 MySQL 数据库中查询得到目标数据。数据抽取的实现方法如下：在项目根目录下新建名为 model.py 的 Python 脚本，在其中定义 getData() 函数，用于连接数据库、接收查询语句、执行查询并返回查询结果，代码如下：

```python
import pymysql

def getData(sql):
    conf = {
        'host':'127.0.0.1',
        'port':3306,
        'db':'airpollution',
```

```
        'user':'root',
        'password':'root',
        'charset':'utf8mb4'
    }
    conn = pymysql.connect(* * conf)
    db = conn.cursor()
    db.execute(sql)
    data = db.fetchall()
    db.close()
    conn.close()
    return data
```

2. 数据转换

数据转换的任务是把目标数据格式化为 JSON 字符串,再通过 Flask 的视图函数发布为数据接口,作为前端请求的响应。数据转换的过程包括以下 3 个环节:①组装 JSON 字符串;②发布 JSON 数据接口;③测试 JSON 数据接口。下面分别介绍各环节的具体工作。

1) 组装 JSON 字符串

在项目根目录下新建名为 preprocess.py 的 Python 脚本,在其中定义 getBarJSON() 函数,用于接收目标数据、组装并返回 JSON 字符串。JSON 字符串中包含 name 和 value 两个键值对,其中,键 name 的值为监测站代码列表,键 value 的值为 $PM_{2.5}$ 观测数据列表。preprocess.py 的内容如下:

```
import json

def getBarJSON(data):
    dct = {}
    stations = []
    values = []
    for item in data:
        stations.append(item[1])
        values.append(item[0])
    dct['name'] = stations
    dct['value'] = values
    return json.dumps(dct, ensure_ascii=False)
```

2) 发布 JSON 数据接口

向 server.py 中添加视图函数 json_for_bar(),在视图函数中构造 SQL 查询语句,调用 model.py 模块中的 getData() 函数,执行查询、返回目标数据;再调用 preprocess.py 模块中的 getBarJSON() 函数将目标数据组装为 JSON 字符串;最后,利用装饰器将 URL 规则 /json_for_bar 与该函数进行绑定。在本例中,目标数据是 11 个监测站的编码及 $PM_{2.5}$ 观测值。json_for_bar() 函数的定义如下:

```
@app.route('/json_for_bar')
def json_for_bar():
    sql='''
        SELECT
            pm25,
            station
        FROM
```

```
        airpollution
WHERE
    date LIKE "2018-01-01%" AND
    (
        station = 'HD01' OR
        station = 'XT01' OR
        station = 'HS01' OR
        station = 'SZJ01' OR
        station = 'CZ01'OR
        station = 'BD01' OR
        station = 'LF01' OR
        station = 'TS01' OR
        station = 'QHD01' OR
        station = 'ZJK01' OR
        station = 'CD01'
    )
    '''
    return getBarJSON(getData(sql))
```

3）测试 JSON 数据接口

在 VS Code 中使用 Python 解释器运行 server.py，启动 Flask 开发服务器。在浏览器中访问 URL“http://127.0.0.1:5000/json_for_bar”，如果能够看到图 5.4 所示的页面，说明数据接口发布正常。

{"name": ["HD01", "XT01", "HS01", "CZ01", "BD01", "LF01", "TS01", "QHD01", "ZJK01", "CD01"], "value": [89.36, 149.95, 140.07, 101.87, 71.02, 63.88, 66.33, 30.39, 21.25, 16.25]}

图 5.4　JSON 数据接口页面

为了确保前端程序能够正确解析 JSON 数据，可以利用浏览器的开发者工具，进一步检查 JSON 字符串的合法性，方法如下：在浏览器中按 F12 键，打开开发者工具，切换到“网络”选项卡（图 5.5 中的步骤①）；刷新页面，可以看到服务器返回了名为 json_for_bar 的资

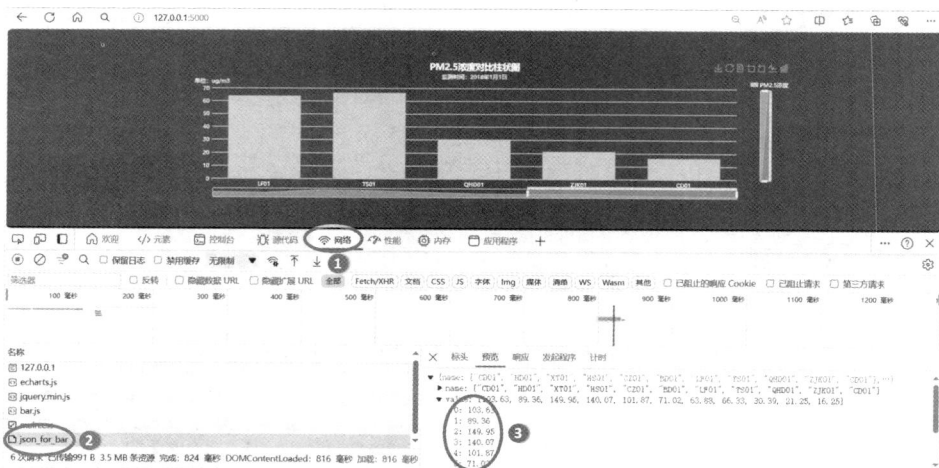

图 5.5　使用浏览器开发者工具检查 JSON 数据格式

源,即 JSON 数据页(图 5.5 中的步骤②)。选中 json_for_bar,可以在"预览"面板中查看 JSON 对象的内容,若格式正确,则 JSON 元素能够被正确解析(图 5.5 中的步骤③)。

最后,server.py 的完整内容如下:

```python
from flask import Flask, render_template
from model import getData
from preprocess import getBarJSON

app = Flask(__name__)

@app.route('/')
def index():
    return render_template('index.html')

@app.route('/json_for_bar')
def json_for_bar():
    sql='''
        SELECT
            pm25,
            station
        FROM
            airpollution
        WHERE
            date LIKE "2018-01-01%" AND
            (
                station = 'HD01' OR
                station = 'XT01' OR
                station = 'HS01' OR
                station = 'SZJ01' OR
                station = 'CZ01' OR
                station = 'BD01' OR
                station = 'LF01' OR
                station = 'TS01' OR
                station = 'QHD01' OR
                station = 'ZJK01' OR
                station = 'CD01'
            )
    '''
    return getBarJSON(getData(sql))

if __name__ == '__main__':
    app.run()
```

3. 数据加载

在本项目中,数据加载的任务是前端程序请求并解析 JSON 数据,实现方法是在 bar.js 脚本中调用 jQuery 提供的 ajax()函数,通过 GET 方法请求 json_for_bar 页面,再将返回数据变换为 ECharts 支持的格式。对 bar.js 进行如下修改:

```javascript
let container = $("#bar")[0]          //使用 jQuery 方式获取容器元素
let myBar = echarts.init(container, null, {renderer: "svg"})
let data_bar = {                      //存储返回数据
    name: [],                         //存储监测站代码
```

```
    value: []                                      //存储 PM2.5 浓度值
}
$.ajax({
    url: '/json_for_bar',                          //请求地址
    method: 'GET',                                 //请求方式
    dataType: 'json',                              //数据格式
    success: function (data) {                     //请求成功时触发该函数,data 即返回数据
        data_bar.name = data.name                  //解析获得监测站代码
        data_bar.value = data.value                //解析获得 PM2.5 浓度值
        ...                                        //省略部分代码
    },
    error: function (msg) {console.log(msg)}       //请求失败时触发该函数
})
...                                                //省略部分代码
```

4. 数据渲染

在本项目中,数据渲染的任务是设置条形图实例的配置项,并将条形图渲染到 DOM 容器中。由于动态图表的数据加载需要一定的时间开销,为了使渲染效果看起来更加流畅,使用 ECharts 实例的 showLoading()和 hideLoading()方法添加加载动画效果,并调用 window 对象的 setTimeout()方法为图表渲染增加 1000 毫秒的延迟,以便于观察加载动画。向 bar.js 中添加如下代码:

```
...
myBar.showLoading({                                //显示加载动画
    text: "加载中",                                 //加载动画的文本
    color: "#c23531",                              //加载动画的颜色
    textColor: "#c23531",                          //文本的颜色
    maskColor: "black",                            //背景颜色
    fontSize: 18,                                  //文本的字号
    fontFamily: "黑体",                             //文本的字体
})
...
    setTimeout(() =>{                              //设置渲染延迟
      myBar.setOption(option);
      myBar.hideLoading();                        //隐藏加载动画
    }, 1000)                                       //延迟 1000 毫秒
...
```

关于 option 部分的设置,只需要在 5.2.2 节所做静态条形图的基础上,将 xAxis 和 series 组件的 data 属性值由常量修改为变量即可。最后,bar.js 的完整内容如下:

```
let container = $("#bar")[0]
let myBar = echarts.init(container, null, {renderer: "svg"})
myBar.showLoading({
    text: "加载中",
    color: "#c23531",
    textColor: "#c23531",
    maskColor: "black",
    fontSize: 18,
```

```
      fontFamily: "黑体",
})
let data_bar = {
  name: [],
  value: [],
};
$.ajax({
  url: "/json_for_bar",
  method: "GET",
  dataType: "json",
  success: function (data) {
    data_bar.name = data.name;
    data_bar.value = data.value;
    let option = {
      title: {
        text: "PM2.5浓度对比条形图",
        textStyle: {
          color: "lightgray",
          fontSize: 28,
        },
        subtext: "监测时间: 2018 年 1 月 1 日",
        subtextStyle: {
          color: "lightgray",
          fontSize: 18,
        },
        left: "center",
      },
      tooltip: {
        trigger: "axis",
        axisPointer: {
          type: "shadow",
          label: {
            show: true,
          },
        },
      },
      toolbox: {
        show: "true",
        itemSize: 24,
        right: 40,
        feature: {
          saveAsImage: {show: true},
          restore: {show: true},
          dataView: {
            readOnly: false,
          },
          dataZoom: {show: true},
          magicType: {
            type: ["line", "bar"],
          },
```

```
      },
    },
    legend: {
      show: true,
      data: ["PM2.5浓度"],
      right: 40,
      top: 60,
      textStyle: {
        color: "lightgray",
        fontSize: 18,
      },
    },
    grid: {
      top: "20%",
      left: "center",
      width: "80%",
      height: "65%",
      containLabel: true,
    },
    xAxis: {
      axisLabel: {
        interval: 0,
        color: "lightgray",
        fontSize: 18,
      },
      data: data_bar.name,
    },
    yAxis: {
      name: "单位: μg/m3",
      nameTextStyle: {
        color: "lightgray",
        fontSize: 18,
      },
      axisLabel: {
        color: "lightgray",
        fontSize: 18,
      },
    },
    dataZoom: [
      {
        start: 60,
        end: 100,
      },
      {
        yAxisIndex: 0,
        right: "5%",
      },
    ],
    series: [
      {
```

```
            name: "PM2.5浓度",
            type: "bar",
            data: data_bar.value,
          },
        ],
      }

        setTimeout(() =>{
        myBar.setOption(option);
        myBar.hideLoading();
        }, 1000)
    },
    error: function (msg) {
      console.log(msg);
    },
})
window.onresize = function () {
  myBar.resize({
    animation: {
      duration: 500,
      easing: "linear",
    },
  })
}
```

5.3.3 图表展示

在 VS Code 中运行 server.py,启动 Flask 开发服务器。通过浏览器访问 URL"http://127.0.0.1:5000/",将看到图 5.6 所示的页面效果。

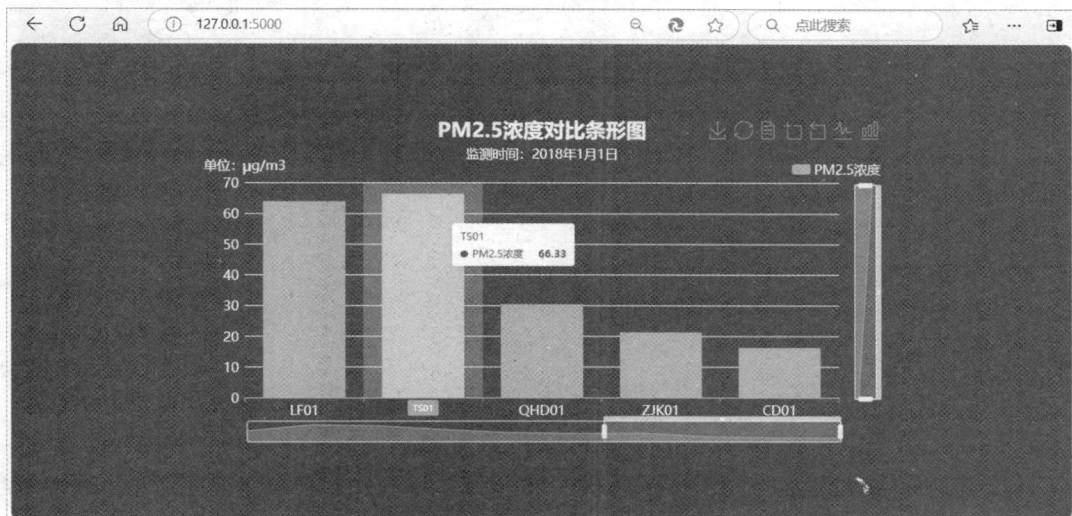

图 5.6 动态条形图

最终,动态条形图项目中各种资源的说明如表 5.2 所示。

表 5.2　项目资源列表

相 对 路 径	说　　明
/static/CSS/main.css	CSS 文档
/static/JS/bar.js	条形图创建脚本
/static/JS/echarts.js	ECharts 库文件
/static/JS/jquery.min.js	jQuery 库文件
/templates/index.html	HTML 模板
/model.py	数据库操作脚本
/preprocess.py	数据转换脚本
/server.py	Flask 服务器启动脚本

5.4　浏览器开发者工具的应用

　　在动态图表制作过程中，可以借助浏览器的开发者工具对程序进行调试，方法如下：在浏览器中按 F12 键打开开发者工具，切换到"网络"选项卡；刷新"http://127.0.0.1:5000/"页面，可以看到服务器返回的各种资源，其中包括 JSON 数据页 json_for_bar。选中 json_for_bar，可以在"预览"面板中检查 JSON 对象的内容，如图 5.7 所示。可以看出，JSON 对象被正确地解析了，这使得条形图得以正确显示。

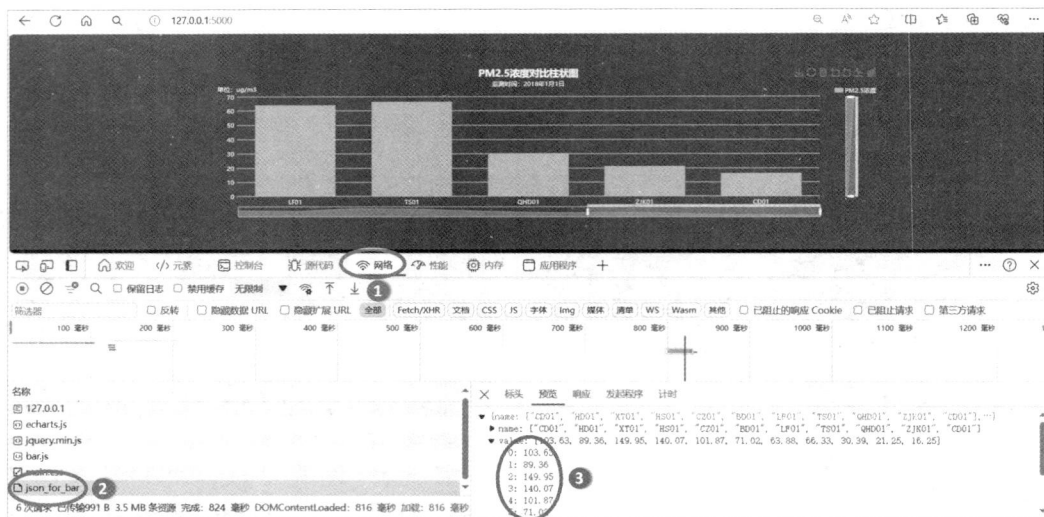

图 5.7　使用浏览器开发者工具调试程序

　　当图表不能正确显示时，可以借助浏览器的开发者工具进行故障排查。例如，当不慎将 series 的 data 属性值设置错误时，将导致图表不能正确创建。此时，可以调出开发者工具，首先检查 JSON 数据的接入状态，如果发现 JSON 数据能够正常返回且正确解析（见图 5.8），则说明服务器端运行正常，故障应当出现在前端代码中。下一步，可以按照 JS、HTML、CSS 的顺序对前端文档进行逐一排查，尽快定位并修正错误，保证工程进度。

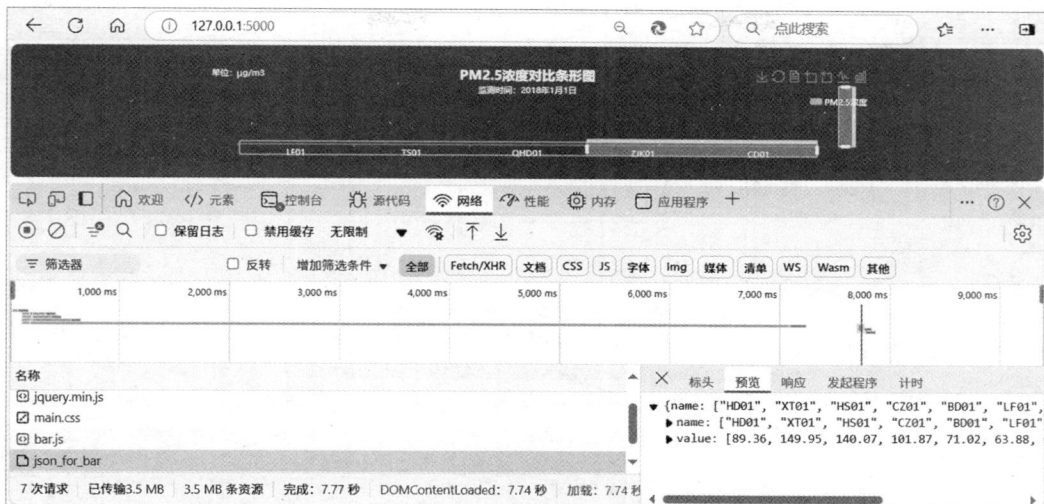

图 5.8　借助浏览器开发者工具进行故障排查

本章小结

本章以"PM$_{2.5}$浓度对比条形图"为例，详细介绍了利用 ECharts 条形图对数据进行可视化的方法。通过本章的学习，读者应了解条形图的概念、特点和应用场景，了解静态和动态图表的概念、特点和开发技术，掌握利用 Web 前端开发技术制作静态条形图的方法，掌握综合利用 Web 前后端开发技术制作动态条形图的方法，掌握使用浏览器开发者工具进行程序调试的方法，为开发基于 ECharts 条形图的数据可视化应用程序奠定技术基础。

习题 5

扫一扫

扫一扫

习题

自测题

第 6 章

折 线 图

学习目标

(1) 了解折线图的概念、特点和应用场景。

(2) 了解时间序列数据的基本概念及可视化方法。

(3) 掌握 ECharts 时间型坐标轴的基本用法。

(4) 掌握 ECharts 多网格坐标系的实现方法。

(5) 掌握利用 Web 前端开发技术制作静态折线图的方法。

(6) 掌握综合利用 Web 前后端开发技术制作动态折线图的方法。

6.1 折线图与时间序列可视化

折线图也是一种常用的统计图表,常被用来展示时间序列数据。时间序列是指按照时间次序记录的一组观察值序列。按照研究对象的数量,时间序列可分为单变量时间序列和多变量时间序列。时间序列最显著的特征是数据之间存在某种关联性,这种关联性使得通过历史记录预测未来成为可能。对这种关联性进行建模和分析的方法就称为时间序列分析。时间序列分析是一种根据动态数据揭示系统动态结构和变化规律的统计方法。时间序列分析的第一步通常是数据可视化,最常用的工具就是折线图,又称时序图。时序图通常将数据按照时间顺序作图,横轴为时间刻度,纵轴为变量的取值。

折线图的核心思想是趋势变化,适用于总体趋势比单个数据点更重要的场景。折线图适用于展示二维大数据集,而且适用于需要对多个二维数据集进行比较的场合。ECharts中提供了标准折线图,支持多系列展示、自定义样式、区域填充、交互和动画效果等特性。本项目拟使用折线图展示 2018 年 1 月 SJZ01 监测站 4 种大气污染物浓度的日变化情况,用于分析该地区大气污染物浓度的时变特征及关联关系,数据集说明如表 6.1 所示。

从表 6.1 中可以看出,数据集中包含 4 种污染物,共计 31 天的日均值数据,属于典型的多变量时间序列数据。对于多变量时间序列的可视化,有单网格和多网格两种实现方案。在单网格方案中,所有变量共享一套坐标系,这种方案的优点是便于观察变量之间的关系,缺点是图上元素较多,可能会淹没一些局部信息。在多网格方案中,每个变量独占一套坐标系,多个坐标系网格组成一个矩阵,这种方案的优点是便于观察序列各自的特征,缺点是不易比较变量之间的关系。两种方案各具特色,在工程实践中可根据需求酌情选用。

表 6.1 折线图数据集

日 期	SO_2 浓度/($\mu g/m^3$)	NO_2 浓度/($\mu g/m^3$)	O_3 浓度/($\mu g/m^3$)	CO 浓度/(mg/m^3)
2018 年 1 月 1 日	37.61	70.87	14.00	1.70
2018 年 1 月 2 日	26.66	61.14	9.94	1.76
2018 年 1 月 3 日	35.16	63.32	14.15	1.72
2018 年 1 月 4 日	48.00	61.52	14.63	1.42
2018 年 1 月 5 日	59.06	79.60	10.39	2.37
2018 年 1 月 6 日	53.55	92.95	13.98	3.12
2018 年 1 月 7 日	30.61	52.17	25.62	1.48
2018 年 1 月 8 日	16.39	23.30	56.93	0.70
2018 年 1 月 9 日	16.18	24.90	52.39	0.59
2018 年 1 月 10 日	20.48	41.38	38.50	0.76
2018 年 1 月 11 日	25.47	45.32	27.65	0.88
2018 年 1 月 12 日	57.21	69.77	13.32	1.95
2018 年 1 月 13 日	68.19	85.35	11.38	3.01
2018 年 1 月 14 日	75.08	115.73	7.79	3.72
2018 年 1 月 15 日	45.42	99.95	10.89	3.17
2018 年 1 月 16 日	49.93	83.61	18.33	2.55
2018 年 1 月 17 日	46.73	92.63	6.94	2.91
2018 年 1 月 18 日	63.22	99.18	10.21	3.44
2018 年 1 月 19 日	76.99	95.45	14.52	3.37
2018 年 1 月 20 日	64.41	106.80	18.07	3.28
2018 年 1 月 21 日	23.81	48.65	11.23	1.19
2018 年 1 月 22 日	18.09	46.85	13.41	1.35
2018 年 1 月 23 日	18.39	37.45	27.84	1.19
2018 年 1 月 24 日	18.23	48.99	23.66	1.42
2018 年 1 月 25 日	33.28	60.43	22.70	1.76
2018 年 1 月 26 日	22.20	41.12	30.07	1.04
2018 年 1 月 27 日	36.35	58.26	13.11	1.70
2018 年 1 月 28 日	27.61	55.27	25.11	1.88
2018 年 1 月 29 日	25.52	47.51	31.09	1.18
2018 年 1 月 30 日	42.46	59.45	22.46	1.35
2018 年 1 月 31 日	36.37	46.03	34.46	1.00

6.2　ECharts 时间型坐标轴

6.2.1　格式化标签

在 ECharts 图表中，将坐标轴组件的 type 属性设置为 time，即可使用时间型坐标轴。时间型坐标轴支持年、月、日、时、分、秒等多种时间尺度，在不同的时间尺度下具有不同的刻度计算方式，例如，当时间范围跨越 2017 年和 2018 年时，坐标轴将自动将刻度标签"2018年1月1日"显示为"2018年"。此时，如果要修改刻度标签的显示格式，可以对 axisLabel 中的 formatter 属性进行配置。formatter 的取值支持字符串模板、回调函数和分级模板 3 种方式，下面分别介绍 3 种方式的实现方法。

1. 字符串模板

字符串模板是 ECharts 官方推荐使用的日期时间格式化方式。formatter 属性的取值为由模板和分隔符组成的字符串。ECharts 支持的字符串模板如表 6.2 所示。

表 6.2　ECharts 支持的字符串模板

时间尺度	含　义	模　板	取值示例
Year	年	{yyyy}	2024
		{yy}	99
Quarter	季度	{Q}	1
Month	月	{MMMM}	一月
		{MMM}	1 月
		{MM}	01
		{M}	1
Day of Month	月中的日	{dd}	01
		{d}	1
Day of Week	星期中的日	{eeee}	星期一
		{ee}	一
		{e}	1
Hour	时	{HH}	23
		{H}	1
		{hh}	12
		{h}	1
Minute	分	{mm}	01
		{m}	1
Second	秒	{ss}	01
		{s}	1

时 间 尺 度	含　　义	模　　板	取 值 示 例
Millisecond	毫秒	{SSS}	001
		{S}	1

字符串模板的使用方法示例如下：

```
formatter: '{yyyy}-{MM}-{dd}'          //显示效果形如'2018-01-01'
formatter: '{d}日'                     //显示效果形如'2日'
```

2. 回调函数

formatter 的取值为一个函数，用于实现自定义的显示格式。例如，下列程序的功能是将日期格式化为"月/日"：

```
formatter: function (value, index) {
    var date = new Date(value);
    var texts = [(date.getMonth() + 1), date.getDate()];
    if (index === 0) {
        texts.unshift(date.getFullYear());
    }
    return texts.join('/');
}
```

3. 分级模板

分级模板用于对不同时间尺度的标签使用不同的格式。时间尺度包括年、月、日、时、分、秒、毫秒。ECharts 支持的分级模板如下：

```
{
    year: '{yyyy}',
    month: '{MMM}',
    day: '{d}',
    hour: '{HH}:{mm}',
    minute: '{HH}:{mm}',
    second: '{HH}:{mm}:{ss}',
    millisecond: '{hh}:{mm}:{ss} {SSS}',
    none: '{yyyy}-{MM}-{dd} {hh}:{mm}:{ss} {SSS}'
}
```

例如，如果希望将每个月第一天的标签显示为月份，而其他标签显示为日期，可以使用以下方式实现该效果：

```
formatter: {
    month: '{MMMM}',          //一月
    day: '{d}日'              //1日
}
```

6.2.2　富文本标签

如果希望进一步丰富时间标签的显示效果，可以使用 ECharts 提供的富文本标签。所

谓富文本标签，是指为标签文本增加各种格式或样式，如背景、边框、阴影、超链接等，以增强文本的视觉传达效果、优化用户体验。ECharts 的富文本标签支持以下功能：①定制文本块整体的样式（背景、边框、阴影）、位置、旋转等；② 对文本块中个别片段定义样式（如颜色、字体、高宽、背景、阴影等）、对齐方式等；③在文本中插入图片作为图标或者背景；④通过组合上述规则，实现复杂的显示效果。

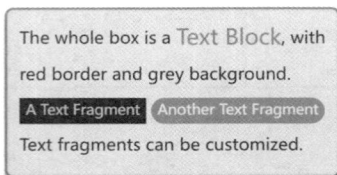

图 6.1　文本块和文本片段

上文中提到的文本块，是指文本标签块的整体（包括边框）；文本片段是指文本标签块中的部分文本（包括边框）。图 6.1 所示为一个文本块（Text Block），其中包含两个分别用黑色和绿色背景标记的文本片段（Text Fragment）。

ECharts 中常用的文本标签配置项如表 6.3 所示。

表 6.3　ECharts 中常用的文本标签配置项

功 能 描 述	涉 及 配 置 项
字体基本样式设置	fontStyle、fontWeight、fontSize、fontFamily
文本颜色	color
文本描边	textBorderColor、textBorderWidth
文本阴影	textShadowColor、textShadowBlur、textShadowOffsetX、textShadowOffsetY
文本块或文本片段大小	lineHeight、width、height、padding
文本块或文本片段的对齐	align、verticalAlign
文本块或文本片段的边框、背景（颜色或图片）	backgroundColor、borderColor、borderWidth、borderRadius
文本块或文本片段的阴影	shadowColor、shadowBlur、shadowOffsetX、shadowOffsetY
文本块的位置和旋转	position、distance、rotate

要使用富文本标签，需要对标签组件的 rich 属性进行设置，方法如下：

```
label: {
    formatter: [
        '{a|这段文本采用样式 a}',
        '{b|这段文本采用样式 b}这段用默认样式{x|这段用样式 x}'
    ].join('\n'),

    //这里是文本块的样式设置
    color: '#333',
    fontSize: 5,
    fontFamily: 'Arial',
    borderWidth: 3,
    backgroundColor: '#984455',
    padding: [3, 10, 10, 5],
    lineHeight: 20,

    //rich 中是文本片段的样式设置
```

```
    rich: {
        a: {
            color: 'red',
            lineHeight: 10
        },
        b: {
            backgroundColor: {
                image: 'xxx/xxx.jpg'
            },
            height: 40
        },
        x: {
            fontSize: 18,
            fontFamily: 'Microsoft YaHei',
            borderColor: '#449933',
            borderRadius: 4
        },
        ...
    }
}
```

6.3 单网格静态折线图

本例采用先单网格后多网格、先静态后动态的开发顺序。本节介绍单网格版静态折线图的开发过程,包括准备工作、图表制作、图表展示 3 个阶段。

6.3.1 准备工作

准备工作包括 6 个环节:①创建项目目录结构;②创建主页 HTML 文档;③引入 ECharts 库文件;④创建 DOM 容器;⑤设置元素样式;⑥数据准备。下面分别介绍各环节的具体工作。

1. 创建项目目录结构

创建项目根目录 AirPollution_Line_Static,并在根目录下分别创建 CSS 和 JS 目录,用于存放 CSS 文档和 JavaScript 脚本。

2. 创建主页 HTML 文档

在项目根目录下新建 index.html 文档,作为项目主页,内容如下:

```html
<!DOCTYPE html>
<html lang="en">
<head>
    <meta charset="UTF-8">
    <meta name="viewport" content="width=device-width, initial-scale=1.0">
    <title>静态折线图</title>
</head>
<body>

</body>
</html>
```

3. 引用 ECharts 库文件

将 echarts.js 放置于 AirPollution_Line_Static/JS 目录下，并在 index.html 中添加引用，代码如下：

```
<script src="JS/echarts.js"></script>
```

4. 创建 DOM 容器

在 index.html 中定义一个<div>标签，将其 id 属性设置为 line，作为折线图的容器，代码如下：

```
<div id="line"></div>
```

5. 设置元素样式

在 AirPollution_Line_Static/CSS 目录下新建 main.css 文档，将页面的背景颜色设置为黑色，并设置 DOM 容器的位置和尺寸，代码如下：

```
body {
    background-color: black;
}
#line {
    position: absolute;
    left: 15%;
    top: 15%;
    width: 70%;
    height: 70%;
}
```

创建 CSS 文档之后，在 index.html 中添加外链到 main.css 的链接，使样式生效。index.html 的完整内容如下：

```
<!DOCTYPE html>
<html lang="en">
<head>
    <meta charset="UTF-8" />
    <meta http-equiv="X-UA-Compatible" />
    <meta name="viewport" content="width=device-width, initial-scale=1.0" />
    <script src="JS/echarts.js"></script>
    <link rel="stylesheet" href="CSS/main.css" />
    <title>静态折线图</title>
  </head>

  <body>
    <div id="line"></div>
    <script src="JS/line.js"></script>
  </body>
</html>
```

6. 数据准备

在本例中，需要为折线图准备 4 种污染物的时间序列数据。按照数据系列组件 data 属性的要求，数据体应为数组形式，数组元素包含观测日期和日均值，形如"["2018-01-01"，

37.61]"。例如,SO$_2$序列的数据格式如下:

```
[["2018-01-01", 37.61], ["2018-01-02", 26.66], ["2018-01-03", 35.16],
["2018-01-04", 48.00], ["2018-01-05", 59.06], ["2018-01-06", 53.55],
["2018-01-07", 30.61], ["2018-01-08", 16.39], ["2018-01-09", 16.18],
["2018-01-10", 20.48],["2018-01-11", 25.47], ["2018-01-12", 57.21],
["2018-01-13", 68.19], ["2018-01-14", 75.08], ["2018-01-15", 45.42],
["2018-01-16", 49.93], ["2018-01-17", 46.73], ["2018-01-18", 63.22],
["2018-01-19", 76.99], ["2018-01-20", 64.41],["2018-01-21", 23.81],
["2018-01-22", 18.09], ["2018-01-23", 18.39], ["2018-01-24", 18.23],
["2018-01-25", 33.28], ["2018-01-26", 22.2], ["2018-01-27", 36.35],
["2018-01-28", 27.61], ["2018-01-29", 25.52], ["2018-01-30", 42.46],
["2018-01-31", 36.37],]
```

其他 3 种污染物序列的数据格式与此相同,具体内容见 6.3.2 节代码部分。

6.3.2　图表制作

折线图制作阶段包括以下 4 个环节:①新建折线图 JS 脚本;②初始化折线图实例;③设置折线图配置项;④应用配置项。下面分别介绍各环节的具体工作。

1. 新建折线图 JS 脚本

在 AirPollution_Line_Static/JS 目录下新建 line.js 脚本,用于绘制折线图,并在 index.html 中添加引用,代码如下:

```
<script src="JS/line.js"></script>
```

2. 初始化折线图实例

在 line.js 中通过 document.getElementById()方法获得将被作为折线图容器的 DIV 元素,并命名为 container,然后使用 echarts.init()方法初始化一个名为 myLine 的 ECharts 实例,代码如下:

```
let container = document.getElementById("line")
let myLine = echarts.init(container, null, {renderer: "svg"})
```

3. 设置折线图配置项

在本例中,使用了标题组件、提示框组件、工具栏组件、图例组件、网格组件、x 轴组件、y 轴组件、数据系列组件,下面分别介绍各组件的配置方法。

1) 标题组件

标题组件用于设置折线图主、副标题的内容和样式,代码如下:

```
title: {
  text: "大气主要污染物浓度变化折线图",
  textStyle: {
    color: "lightgray",
    fontSize: 28,
  },
  subtext: "监测站: SJZ01",
  subtextStyle: {
    color: "lightgray",
```

```
    fontSize: 18,
  },
left: "center",
},
```

2）提示框组件

为了便于查看数据，本例中使用了十字准星指示器，代码如下：

```
tooltip: {
  trigger: "axis",
  axisPointer: {
    type: "cross",                    //十字准星指示器
    label: {
      show: true,
    },
  },
},
```

3）工具栏组件

在工具栏组件中，使用导出图片、重置、数据视图、数据区域缩放和动态类型切换 5 个工具，代码如下：

```
toolbox: {
  show: "true",
  itemSize: 24,
  right: 40,
  feature: {
    saveAsImage: {show: true},
    restore: {show: true},
    dataView: {
      readOnly: false,
    },
    dataZoom: {show: true},
    magicType: {
      type: ["line", "bar"],
    },
  },
},
```

4）图例组件

在本例中，对 4 种污染物使用不同颜色的折线进行表示，代码如下：

```
legend: {
  //图例的数据，每个元素代表一个数据系列
  data: ["SO2(μg/m3)", "NO2(μg/m3)", "O3(μg/m3)", "CO(mg/m3)"],
  bottom: 'bottom',                    //图例组件置于容器底部
  textStyle: {
    color: "lightgray",
    fontSize: 18,
  },
},
```

5) 网格组件

本例拟在同一坐标系下展示 4 种污染物的时序数据,以便于观察污染物序列之间的关系,因此仅配置一个坐标系网格,代码如下:

```
grid: {
  top: "20%",
  left: "center",
  width: "85%",
  height: "70%",
  containLabel: true,
},
```

6) x 轴组件

在本例中,4 个变量均为日均值数据,时间粒度一致,时间范围是 2018 年 1 月 1 日至 1 月 31 日,可以共用一条时间轴。使用分级模板,将 2018 年 1 月 1 日显示为"2018 年 1 月 1 日",将其他日期显示为形如"1 月 2 日"的形式。同时,使用富文本样式,将年份(2018)与月份(1)的字体显示为粗体,代码如下:

```
xAxis: {
  type: "time",                              //坐标轴类型为时间轴
  maxInterval: 3600 * 48 * 1000,             //坐标轴最大间隔为两天
  axisLabel: {
    formatter: {                             //格式化标签文本
      year: '{yearStyle|{yyyy}}年{monthStyle|{M}}月{d}日',
      day: '{monthStyle|{M}}月{d}日'
    },
    rotate: 45,                              //坐标轴标签文本逆时针旋转 45°
    color: "lightgray",
    fontSize: 18,
    rich: {                                  //富文本样式
      yearStyle: {                           //年份的文本样式
        fontSize: 18,
        fontWeight: 'bold'
      },
      monthStyle: {                          //月份的文本样式
        fontSize: 18,
        fontWeight: 'bold'
      }
    }
  },
  axisPointer: {                             //坐标轴指示器
    label: {                                 //坐标轴指示器的文本标签
      formatter: function (params) {         //使用回调函数实现标签文本格式化输出
        return params.seriesData[0].data[0]  //返回值形如 2018-01-01
      }
    }
  }
},
```

7）y 轴组件

在本例中，y 轴为数值轴，用于展示 4 种污染物的日均值数据。由于污染物 CO 的量纲与其他 3 类不同，所以，需要增加一条 y 轴，代码如下：

```
yAxis: [
  {                              //配置第一条 y 轴，用于展示 SO2、NO2、O3 的观测值
    type: "value",
    alignTicks: true,            //与第二条 y 轴自动对齐刻度
    axisLabel: {
      color: "lightgray",
      fontSize: 18
    },
    name: "单位: μg/m3",
    nameTextStyle: {
      color: "lightgray",
      fontSize: 18,
    },
  },
  {                              //配置第二条 y 轴，用于展示 CO 的观测值
    type: "value",
    max: 4.0,                    //设置坐标轴刻度的最大值为 4
    min: 0,                      //设置坐标轴刻度的最小值为 0
    axisLabel: {
      color: "lightgray",
      fontSize: 18
    },
    name: "单位: mg/m3",
    nameTextStyle: {
      color: "lightgray",
      fontSize: 18
    },
  },
],
```

8）数据系列组件

数据系列组件的属性值为一个数组，每个数组元素代表一种污染物的数据系列。同时，在配置 CO 的系列时，需要使用 yAxisIndex 属性，将其与第二条 y 轴绑定。对 series 设置如下：

```
series: [
  {
    name: "SO2(μg/m3)",                      //SO2 数据系列
    type: "line",                            //图表类型为折线图
    data: [                                  //数据体
        ["2018-01-01", 37.61], ["2018-01-02", 26.66], ["2018-01-03", 35.16],
        ["2018-01-04", 48.00], ["2018-01-05", 59.06], ["2018-01-06", 53.55],
        ["2018-01-07", 30.61], ["2018-01-08", 16.39], ["2018-01-09", 16.18],
        ["2018-01-10", 20.48], ["2018-01-11", 25.47], ["2018-01-12", 57.21],
        ["2018-01-13", 68.19], ["2018-01-14", 75.08], ["2018-01-15", 45.42],
        ["2018-01-16", 49.93], ["2018-01-17", 46.73], ["2018-01-18", 63.22],
```

```
        ["2018-01-19", 76.99], ["2018-01-20", 64.41],["2018-01-21", 23.81],
        ["2018-01-22", 18.09], ["2018-01-23", 18.39], ["2018-01-24", 18.23],
        ["2018-01-25", 33.28], ["2018-01-26", 22.2], ["2018-01-27", 36.35],
        ["2018-01-28", 27.61], ["2018-01-29", 25.52], ["2018-01-30", 42.46],
        ["2018-01-31", 36.37],],
},
{
    name: "NO2(μg/m3)",                           //NO2 数据系列
    type: "line",
    data: [
        ["2018-01-01", 70.87], ["2018-01-02", 61.14], ["2018-01-03", 63.30],
        ["2018-01-04", 61.52], ["2018-01-05", 79.60], ["2018-01-06", 92.95],
        ["2018-01-07", 52.17], ["2018-01-08", 23.30], ["2018-01-09", 24.90],
        ["2018-01-10", 41.38],["2018-01-11", 45.32], ["2018-01-12", 69.77],
        ["2018-01-13", 85.35], ["2018-01-14", 115.73], ["2018-01-15", 99.95],
        ["2018-01-16", 83.61], ["2018-01-17", 92.63], ["2018-01-18", 99.18],
        ["2018-01-19", 95.45], ["2018-01-20", 106.80],["2018-01-21", 48.65],
        ["2018-01-22", 46.85], ["2018-01-23", 37.45], ["2018-01-24", 48.99],
        ["2018-01-25", 60.43], ["2018-01-26", 41.12], ["2018-01-27", 58.26],
        ["2018-01-28", 55.27], ["2018-01-29", 47.51], ["2018-01-30", 59.45],
        ["2018-01-31", 46.03],],
},
{
    name: "O3(μg/m3)",                            //O3 数据系列
    type: "line",
    data: [
        ["2018-01-01", 14.00], ["2018-01-02", 9.94], ["2018-01-03", 14.15],
        ["2018-01-04",14.63], ["2018-01-05",10.39], ["2018-01-06", 13.98],
        ["2018-01-07",25.62], ["2018-01-08", 56.93], ["2018-01-09", 52.39],
        ["2018-01-10", 38.50],["2018-01-11", 27.65], ["2018-01-12", 13.32],
        ["2018-01-13", 11.38], ["2018-01-14",7.79], ["2018-01-15",10.89],
        ["2018-01-16", 18.33], ["2018-01-17",6.94], ["2018-01-18", 10.21],
        ["2018-01-19", 14.52], ["2018-01-20", 18.07],["2018-01-21", 11.23],
        ["2018-01-22", 13.41], ["2018-01-23", 27.84], ["2018-01-24",23.66],
        ["2018-01-25",22.7], ["2018-01-26", 30.07], ["2018-01-27",13.11],
        ["2018-01-28", 25.11], ["2018-01-29", 31.09], ["2018-01-30", 22.46],
        ["2018-01-31", 34.46],],
},
{
    name: "CO(mg/m3)",                            //CO 数据系列
    yAxisIndex: 1,                                //使用第二条 y 轴
    type: "line",
    data: [
        ["2018-01-01", 1.70], ["2018-01-02", 1.76], ["2018-01-03", 1.72],
        ["2018-01-04",1.42], ["2018-01-05",2.37], ["2018-01-06", 3.12],
        ["2018-01-07",1.48], ["2018-01-08", 0.70], ["2018-01-09", 0.59],
        ["2018-01-10", 0.76],["2018-01-11", 0.88], ["2018-01-12", 1.95],
        ["2018-01-13", 3.01], ["2018-01-14",3.72], ["2018-01-15", 3.17],
        ["2018-01-16", 2.55], ["2018-01-17",2.91], ["2018-01-18", 3.44],
        ["2018-01-19", 3.37], ["2018-01-20", 3.28],["2018-01-21", 1.19],
```

```
                 ["2018-01-22", 1.35], ["2018-01-23", 1.19], ["2018-01-24",1.42],
                 ["2018-01-25",1.76], ["2018-01-26", 1.04], ["2018-01-27",1.70],
                 ["2018-01-28", 1.88], ["2018-01-29", 1.18], ["2018-01-30", 1.35],
                 ["2018-01-31", 1.00],],
        },
    ],
```

4. 应用配置项

使用 myLine.setOption()方法将配置项应用到 myLine 实例上，并将折线图渲染到指定的 DOM 容器中，代码如下：

```
myLine.setOption(option)
```

最后，line.js 的完整内容如下：

```
let container = document.getElementById("line");
let myLine = echarts.init(container, null, {renderer: "svg"});
let option = {
  title: {
    text: "大气主要污染物浓度变化折线图",
    textStyle: {
      color: "lightgray",
      fontSize: 28,
    },
    subtext: "监测站：SJZ01",
    subtextStyle: {
      color: "lightgray",
      fontSize: 18,
    },
    left: "center",
  },
  tooltip: {
    trigger: "axis",
    axisPointer: {
      type: "cross",
      label: {
        show: true,
      }
    }
  },
  toolbox: {
    show: "true",
    itemSize: 24,
    right: 40,
    feature: {
      saveAsImage: {show: true},
      restore: {show: true},
      dataView: {
        readOnly: false,
      },
```

```
      dataZoom: {show: true},
      magicType: {
        type: ["line", "bar"],
      },
    },
  },
  legend: {
    data: ["SO2(μg/m3)", "NO2(μg/m3)", "O3(μg/m3)", "CO(mg/m3)"],
    bottom: 'bottom',
    textStyle: {
      color: "lightgray",
      fontSize: 18,
    }
  },
  grid: {
    top: "20%",
    left: "center",
    width: "85%",
    height: "70%",
    containLabel: true
  },
  xAxis: {
    type: "time",
    maxInterval: 3600 * 48 * 1000,
    axisLabel: {
      showMaxLabel: true,
      formatter: {
        year: '{yearStyle|{yyyy}}年{monthStyle|{M}}月{d}日',
        day: '{monthStyle|{M}}月{d}日'
      },
      rotate: 45,
      color: "lightgray",
      fontSize: 18,
      rich: {
        yearStyle: {
          fontSize: 18,
          fontWeight: 'bold'
        },
        monthStyle: {
          fontSize: 18,
          fontWeight: 'bold'
        }
      }
    },
    axisPointer: {
      label: {
        formatter: function (params) {
          return params.seriesData[0].data[0]
        }
      }
```

```
      }
    },
    yAxis: [
      {
        type: "value",
        alignTicks: true,
        axisLabel: {
          color: "lightgray",
          fontSize: 18
        },
        name: "单位: μg/m3",
        nameTextStyle: {
          color: "lightgray",
          fontSize: 18,
        },
      },
      {
        type: "value",
        max: 4.0,
        min: 0,
        axisLabel: {
          color: "lightgray",
          fontSize: 18
        },
        name: "单位: mg/m3",
        nameTextStyle: {
          color: "lightgray",
          fontSize: 18
        },
      },
    ],
    series: [
      {
        name: "SO2(μg/m3)",
        type: "line",
        data: [...],                          //数据部分省略
      },
      {
        name: "NO2(μg/m3)",
        type: "line",
        data: [...],                          //数据部分省略
      },
      {
        name: "O3(μg/m3)",
        type: "line",
        data: [...],                          //数据部分省略
      },
      {
        name: "CO(mg/m3)",
        yAxisIndex: 1,
```

```
      type: "line",
      data: [...],                          //数据部分省略
    },
  ],
}
myLine.setOption(option)
```

6.3.3　图表展示

使用浏览器打开 index.html 查看图表显示效果,如图 6.2 所示。可以看出,NO$_2$ 与 CO 曲线的形态比较相似,说明两种污染物之间可能存在相关性。

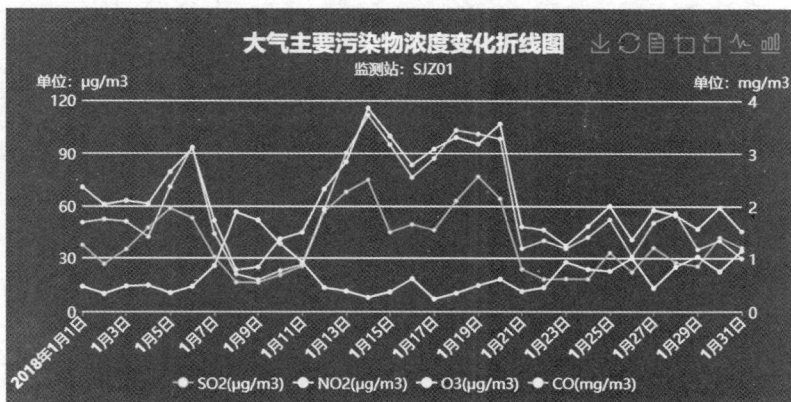

图 6.2　单网格静态折线图

6.4　多网格静态折线图

在 ECharts 中,单个图表实例可以配置多个网格组件,并在不同网格中展示不同维度的数据,这就为多变量时间序列数据的可视化提供了另一种解决方案。本节通过将 6.3 节制作的静态折线图改造为多网格版本,介绍在单个 ECharts 实例中配置多个网格组件的方法。改造过程只需要对 option 中的 grid、xAxis、yAxis 和 series 4 个组件的配置进行修改。下面介绍具体的改造过程。

6.4.1　图表配置

1. 网格组件

在单个图表实例中使用多个坐标系网格,需要将网格组件的属性值改为数组,每个数据元素代表一个网格。在本例中,由于要展示 4 种污染物的数据,所以,需要设置 4 个网格,布局采用 2 阶方阵的形式。将 grid 组件的配置修改如下:

```
grid: [
    //设置第一个网格的位置和样式
    {left: '5%', top: '15%', width: '43%', height: '38%', containLabel: true},
    //设置第二个网格的位置和样式
```

```
{right: '5%', top: '15%', width: '43%', height: '38%', containLabel: true},
//设置第三个网格的位置和样式
{left: '5%', bottom: '5%', width: '43%', height: '38%', containLabel: true},
//设置第四个网格的位置和样式
{right: '5%', bottom: '5%', width: '43%', height: '38%', containLabel: true}],
```

2. x 轴组件

一条 x 轴只能属于一个网格，因此 x 轴组件的属性值也需要改为数组，每个数组元素代表一条 x 轴，且每条 x 轴都需要通过 gridIndex 属性与一个网格进行绑定。将 xAxis 组件的配置修改如下：

```
xAxis: [
{                                    //第一条 x 轴
  gridIndex: 0,                      //与第一个网格进行绑定
  type: "time",
  axisLabel: {
    formatter: '{M}月{d}日',
    rotate: 45,
    color: "lightgray",
    fontSize: 18,
  },
  axisPointer: {
    label: {
      formatter: function (params) {
        return params.seriesData[0].data[0]
      }
    }
  }
},
{                                    //第二条 x 轴
  gridIndex: 1,                      //与第二个网格进行绑定
  type: "time",
  axisLabel: {
    formatter: '{M}月{d}日',
    rotate: 45,
    color: "lightgray",
    fontSize: 18,
  },
  axisPointer: {
    label: {
      formatter: function (params) {
        return params.seriesData[0].data[0]
      }
    }
  }
},
{                                    //第三条 x 轴
  gridIndex: 2,                      //与第三个网格进行绑定
  type: "time",
```

```
    axisLabel: {
      formatter: '{M}月{d}日',
      rotate: 45,
      color: "lightgray",
      fontSize: 18,
    },
    axisPointer: {
      label: {
        formatter: function (params) {
          return params.seriesData[0].data[0]
        }
      }
    }
  },
  {                                              //第四条 x 轴
    gridIndex: 3,                                //与第四个网格进行绑定
    type: "time",
    axisLabel: {
      formatter: '{M}月{d}日',
      rotate: 45,
      color: "lightgray",
      fontSize: 18,
    },
    axisPointer: {
      label: {
        formatter: function (params) {
          return params.seriesData[0].data[0]
        }
      }
    }
  }
],
```

3. y 轴组件

　　y 轴组件的属性值同样需要使用数组，每个数据元素代表一条 y 轴，且每条 y 轴都需要通过 gridIndex 属性与一个网格进行绑定。将 yAxis 部分的代码修改如下：

```
yAxis: [
  {
    gridIndex: 0,
    type: "value",
    axisLabel: {
      color: "lightgray",
      fontSize: 18
    },
    name: "单位：μg/m3",
    nameTextStyle: {
      color: "lightgray",
      fontSize: 18,
```

```
        },
      },
      {
        gridIndex: 1,
        position: 'right',
        type: "value",
        axisLabel: {
          color: "lightgray",
          fontSize: 18
        },
        name: "单位：μg/m3",
        nameTextStyle: {
          color: "lightgray",
          fontSize: 18,
        },
      },
      {
        gridIndex: 2,
        type: "value",
        axisLabel: {
          color: "lightgray",
          fontSize: 18
        },
        name: "单位：μg/m3",
        nameTextStyle: {
          color: "lightgray",
          fontSize: 18,
        },
      },
      {
        gridIndex: 3,
        position: 'right',
        type: "value",
        axisLabel: {
          color: "lightgray",
          fontSize: 18
        },
        name: "单位：mg/m3",
        nameTextStyle: {
          color: "lightgray",
          fontSize: 18,
        },
      },
    ],
```

4. 数据系列组件

数据系列组件的属性值仍为数组，每个数组元素代表一种污染物的数据系列，且每个系列都需要通过 xAxisIndex 和 yAxisIndex 属性与指定的 x 轴和 y 轴进行绑定。将 series 部分的代码修改如下：

```
series: [
    {
      name: "SO2(μg/m3)",
      type: "line",
      xAxisIndex: 0,
      yAxisIndex: 0,
      data: [...],                          //省略数据部分
    },
    {
      name: "NO2(μg/m3)",
      type: "line",
      xAxisIndex: 1,
      yAxisIndex: 1,
      data: [...],                          //省略数据部分
    },
    {
      name: "O3(μg/m3)",
      type: "line",
      xAxisIndex: 2,
      yAxisIndex: 2,
      data: [...],                          //省略数据部分
    },
    {
      name: "CO(mg/m3)",
      type: "line",
      xAxisIndex: 3,
      yAxisIndex: 3,
      data: [...],                          //省略数据部分
    },
],
```

6.4.2　图表展示

使用浏览器打开 index.html,查看图表显示效果,如图 6.3 所示。从整体上看,4 个网格组成了一个 2 阶方阵。从局部来看,每个网格仅展示一个变量的时序数据,便于观察每种污染物各自的特征。

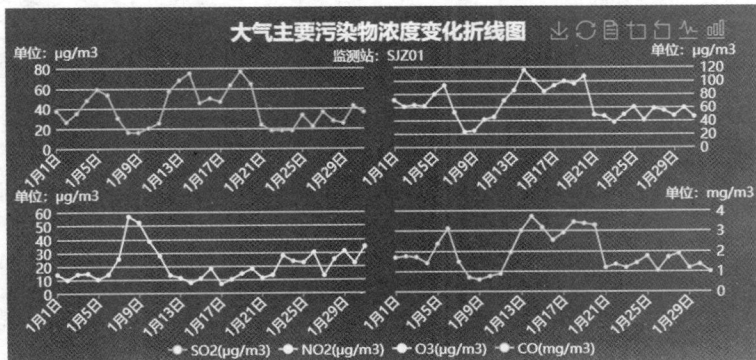

图 6.3　多网格静态折线图

扫一扫

看彩图

6.5　单网格动态折线图

动态折线图可在动态条形图的基础上改造而成,改造过程包括准备工作、图表制作、图表展示 3 个阶段,下面分别介绍各阶段的具体工作。

6.5.1　准备工作

在本地复制一份动态条形图的项目文件夹,更名为 AirPollution_Line_Dynamic,作为项目根目录。

6.5.2　图表制作

图表制作阶段包括数据抽取、数据转换、数据加载和数据渲染 4 个环节,其中,数据抽取的任务是从 MySQL 数据库中查询得到目标数据,可以直接使用动态条形图的 model.py 脚本,无须修改。下面介绍数据转换、数据加载和数据渲染 3 个环节的具体工作。

1. 数据转换

数据转换的任务是把目标数据格式化为 JSON 字符串,再通过 Flask 的视图函数发布为数据接口,作为前端请求的响应。数据转换的过程包括以下 3 个环节:①组装 JSON 字符串;②发布 JSON 数据接口;③测试 JSON 数据接口。下面分别介绍各环节的具体工作。

1) 组装 JSON 字符串

对项目根目录下的 preprocess.py 脚本进行如下修改:在其中定义 getLineJSON()函数,用于接收目标数据、组装并返回 JSON 字符串。JSON 字符串中包含 so2、no2、co 和 o3 共 4 个键值对,对应 4 种污染物的观测记录,数据结构形如{"so2":[["2018-01-01",37.61],…]}。修改后的 preprocess.py 的内容如下:

```python
import json

def getLineJSON(data):
    dct = {}
    so2 = []
    no2 = []
    co = []
    o3 = []
    for item in data:
        day = item[0]
        so2.append([day, item[1]])
        no2.append([day, item[2]])
        co.append([day, item[3]])
        o3.append([day, item[4]])
    dct['so2'] = so2
    dct['no2'] = no2
    dct['co'] = co
    dct['o3'] = o3
    return json.dumps(dct, ensure_ascii=False)
```

2）发布 JSON 数据接口

向 server.py 中添加视图函数 json_for_line()，在视图函数中构造 SQL 查询语句，调用 model.py 中的 getData()函数，执行查询、返回目标数据，再调用 preprocess.py 中的 getLineJSON()函数，将目标数据组装为 JSON 字符串。同时，利用装饰器将 URL 规则 /json_for_line 与该函数进行绑定。json_for_line()的内容如下：

```
@app.route('/json_for_line')
def json_for_line():
    sql='''
        SELECT
            DATE_FORMAT(date,'%Y-%m-%d') as day,
            so2,
            no2,
            co,
            o3
        FROM
            airpollution
        WHERE
            station = 'SJZ01'
    '''
    return getLineJSON(getData(sql))
```

3）测试 JSON 数据接口

在 VS Code 中使用 Python 解释器运行 server.py，启动 Flask 开发服务器。在浏览器中访问 URL"http://127.0.0.1:5000/json_for_line"，如果能够看到图 6.4 所示的页面，说明数据接口发布正常。

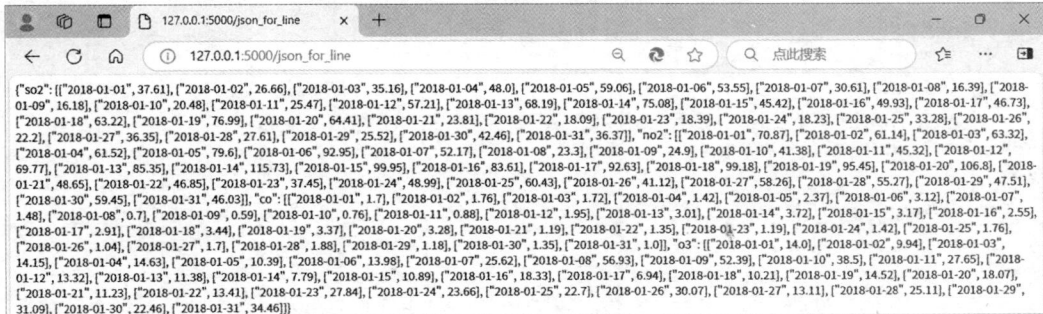

图 6.4　JSON 数据接口页面

最后，server.py 的完整内容如下：

```
from flask import Flask, render_template
from model import getData
from preprocess import getLineJSON


app = Flask(__name__)


@app.route('/')
def index():
```

```
        return render_template('index.html')

@app.route('/json_for_line')
def json_for_line():
    sql='''
        SELECT
            DATE_FORMAT(date,'%Y-%m-%d') as day,
            so2,
            no2,
            co,
            o3
        FROM
            airpollution
        WHERE
            station = 'SJZ01'
    '''
    return getLineJSON(getData(sql))

if __name__ == '__main__':
    app.run()
```

2. 数据加载

数据加载的任务是前端程序请求并解析 JSON 数据。实现方法是在 JS 脚本中调用 jQuery 提供的 ajax()函数，通过 GET 方法请求 json_for_line 页面，再将返回数据变换为折线图支持的格式。在 static/JS 目录下新建 line.js 脚本，添加如下代码：

```
let container = $("#line")[0]                  //使用 jQuery 方式获取容器元素
let myBar = echarts.init(container, null, {renderer: "svg"})
let data_line = {                              //存储返回数据
    so2: [],
    no2: [],
    co: [],
    o3: []
}
$.ajax({
    url: '/json_for_line',                     //请求地址
    method: 'GET',                             //请求方式
    dataType: 'json',                          //数据格式
    success: function (data) {                 //请求成功时触发该函数,data 即返回数据
        data_line.so2 = data.so2;
        data_line.no2 = data.no2;
        data_line.co = data.co;
        data_line.o3 = data.o3;
        ...                                    //省略部分代码
    },
    error: function (msg) {console.log(msg)}   //请求失败时触发该函数
})
...                                            //省略部分代码
```

3. 数据渲染

数据渲染的任务是设置折线图实例的配置项，并将折线图渲染到 DOM 容器中。关于

option 部分的设置,只需在 6.3 节所做静态折线图的基础上,将 series 组件的 data 属性值由常量修改为变量即可。line.js 修改后的完整内容如下:

```
let container = $("#line")[0]
let myLine = echarts.init(container, null, {renderer: "svg"})
let data_line = {
    so2: [],
    no2: [],
    co: [],
    o3: []
}
$.ajax({
    url: '/json_for_line',
    method: 'GET',
    dataType: 'json',
    success: function (data) {
        data_line.so2 = data.so2;
        data_line.no2 = data.no2;
        data_line.co = data.co;
        data_line.o3 = data.o3;
        let option = {
            title: {
                text: "大气主要污染物浓度变化折线图",
                textStyle: {
                    color: "lightgray",
                    fontSize: 28,
                },
                subtext: "监测站: SJZ01",
                subtextStyle: {
                    color: "lightgray",
                    fontSize: 18,
                },
                left: "center",
            },
            tooltip: {
                trigger: "axis",
                axisPointer: {
                    type: "cross",
                    label: {
                        show: true,
                    }
                }
            },
            toolbox: {
                show: "true",
                itemSize: 24,
                right: 40,
                feature: {
                    saveAsImage: {show: true},
                    restore: {show: true},
```

```
                        dataView: {
                            readOnly: false,
                        },
                        dataZoom: {show: true},
                        magicType: {
                            type: ["line", "bar"],
                        },
                    },
                },
                legend: {
                    data: ["SO2(μg/m3)", "NO2(μg/m3)", "O3(μg/m3)", "CO(mg/m3)"],
                    bottom: 'bottom',
                    textStyle: {
                        color: "lightgray",
                        fontSize: 18,
                    }
                },
                grid: {
                    top: "20%",
                    left: "center",
                    width: "85%",
                    height: "80%",
                    containLabel: true
                },
                xAxis: {
                    type: "time",
                    maxInterval: 3600 * 48 * 1000,
                    axisLabel: {
                        showMaxLabel: true,
                        formatter: {
                         year: '{yearStyle|{yyyy}}年{monthStyle|{M}}月{d}日',
                         day: '{monthStyle|{M}}月{d}日'
                        },
                        rotate: 45,
                        color: "lightgray",
                        fontSize: 18,
                        rich: {
                            yearStyle: {
                                fontSize: 18,
                                fontWeight: 'bold'
                            },
                            monthStyle: {
                                fontSize: 18,
                                fontWeight: 'bold'
                            }
                        }
                    }
                },
                axisPointer: {
                    label: {
                        formatter: function (params) {
```

```
                            return params.seriesData[0].data[0]
                    }
                }
            }
    },
    yAxis: [
        {
            type: "value",
            alignTicks: true,
            axisLabel: {
                color: "lightgray",
                fontSize: 18
            },
            name: "单位: μg/m3",
            nameTextStyle: {
                color: "lightgray",
                fontSize: 18,
            },
        },
        {
            type: "value",
            max: 4.0,
            min: 0,
            axisLabel: {
                color: "lightgray",
                fontSize: 18
            },
            name: "单位: mg/m3",
            nameTextStyle: {
                color: "lightgray",
                fontSize: 18
            },
        },
    ],
    series: [
        {
            name: "SO2(μg/m3)",
            type: "line",
            data: data_line.so2,
        },
        {
            name: "NO2(μg/m3)",
            type: "line",
            data: data_line.no2,
        },
        {
            name: "O3(μg/m3)",
            type: "line",
            data: data_line.o3,
        },
```

```
                {
                    name: "CO(mg/m3)",
                    yAxisIndex: 1,
                    type: "line",
                    data: data_line.co,
                },
            ],
        }
        setTimeout(() => {
            myLine.setOption(option);
            myLine.hideLoading();
        }, 1000)
    },
    error: function (msg) {
        console.log(msg)
    }
})
window.onresize = function () {
    myLine.resize({
        animation: {
            duration: 500,
            easing: "linear",
        },
    })
}
```

6.5.3 图表展示

在 VS Code 中运行 server.py，启动 Flask 开发服务器。通过浏览器访问 URL“http://127.0.0.1:5000/”，将看到图 6.5 所示的页面效果。

图 6.5 单网格动态折线图

6.6　多网格动态折线图

6.6.1　图表制作

要将动态折线图改造为多网格版本,只需要对 option 中的 grid、xAxis、yAxis 和 series 4 个组件的配置稍加修改即可,修改后的 line.js 内容如下:

```
let container = $("#line")[0]
let myLine = echarts.init(container, null, {renderer: "svg"})
let data_line = {
    so2: [],
    no2: [],
    co: [],
    o3: []
}
$.ajax({
    url: '/json_for_line',
    method: 'GET',
    dataType: 'json',
    success: function (data) {
        data_line.so2 = data.so2;
        data_line.no2 = data.no2;
        data_line.co = data.co;
        data_line.o3 = data.o3;
        let option = {
            title: {
                text: "大气主要污染物浓度变化折线图",
                textStyle: {
                    color: "lightgray",
                    fontSize: 28,
                },
                subtext: "监测站: SJZ01",
                subtextStyle: {
                    color: "lightgray",
                    fontSize: 18,
                },
                left: "center",
            },
            tooltip: {
                trigger: "axis",
                axisPointer: {
                    type: "cross",
                    label: {
                        show: true,
                    }
                }
            },
            toolbox: {
                show: "true",
```

```
          itemSize: 24,
          right: 40,
          feature: {
            saveAsImage: {show: true},
            restore: {show: true},
            dataView: {
              readOnly: false,
            },
            dataZoom: {show: true},
            magicType: {
              type: ["line", "bar"],
            },
          },
        },
        legend: {
          data: ["SO2(μg/m3)", "NO2(μg/m3)", "O3(μg/m3)", "CO(mg/m3)"],
          bottom: 'bottom',
          textStyle: {
            color: "lightgray",
            fontSize: 18,
          }
        },
        grid: [
          {left: '5%', top: '15%', width: '43%', height: '38%', containLabel:
           true},
          {right: '5%', top: '15%', width: '43%', height: '38%', containLabel:
           true},
          {left: '5%', bottom: '5%', width: '43%', height: '38%', containLabel:
           true},
          {right: '5%', bottom: '5%', width: '43%', height: '38%', containLabel:
           true}],
        xAxis: [
          {
            gridIndex: 0,
            type: "time",
            axisLabel: {
              formatter: '{M}月{d}日',
              rotate: 45,
              color: "lightgray",
              fontSize: 18,
            },
            axisPointer: {
              label: {
                formatter: function (params) {
                  return params.seriesData[0].data[0]
                }
              }
            }
          },
          {
```

```
        gridIndex: 1,
        type: "time",
        axisLabel: {
          formatter: '{M}月{d}日',
          rotate: 45,
          color: "lightgray",
          fontSize: 18,
        },
        axisPointer: {
          label: {
            formatter: function (params) {
              return params.seriesData[0].data[0]
            }
          }
        }
      },
      {
        gridIndex: 2,
        type: "time",
        axisLabel: {
          formatter: '{M}月{d}日',
          rotate: 45,
          color: "lightgray",
          fontSize: 18,
        },
        axisPointer: {
          label: {
            formatter: function (params) {
              return params.seriesData[0].data[0]
            }
          }
        }
      },
      {
        gridIndex: 3,
        type: "time",
        axisLabel: {
          formatter: '{M}月{d}日',
          rotate: 45,
          color: "lightgray",
          fontSize: 18,
        },
        axisPointer: {
          label: {
            formatter: function (params) {
              return params.seriesData[0].data[0]
            }
          }
        }
      }
```

```
    ],
    yAxis: [
        {
            gridIndex: 0,
            type: "value",
            axisLabel: {
                color: "lightgray",
                fontSize: 18
            },
            name: "单位: μg/m3",
            nameTextStyle: {
                color: "lightgray",
                fontSize: 18,
            },
        },
        {
            gridIndex: 1,
            position: 'right',
            type: "value",
            axisLabel: {
                color: "lightgray",
                fontSize: 18
            },
            name: "单位: μg/m3",
            nameTextStyle: {
                color: "lightgray",
                fontSize: 18,
            },
        },
        {
            gridIndex: 2,
            type: "value",
            axisLabel: {
                color: "lightgray",
                fontSize: 18
            },
            name: "单位: μg/m3",
            nameTextStyle: {
                color: "lightgray",
                fontSize: 18,
            },
        },
        {
            gridIndex: 3,
            position: 'right',
            type: "value",
            axisLabel: {
                color: "lightgray",
                fontSize: 18
            },
        },
```

```
                      name: "单位: mg/m3",
                      nameTextStyle: {
                        color: "lightgray",
                        fontSize: 18
                      },
                    },
                ],
              series: [
                  {
                    name: "SO2(μg/m3)",
                    type: "line",
                    xAxisIndex: 0,
                    yAxisIndex: 0,
                    data: data_line.so2,
                  },
                  {
                    name: "NO2(μg/m3)",
                    type: "line",
                    xAxisIndex: 1,
                    yAxisIndex: 1,
                    data: data_line.no2,
                  },
                  {
                    name: "O3(μg/m3)",
                    type: "line",
                    xAxisIndex: 2,
                    yAxisIndex: 2,
                    data: data_line.o3,
                  },
                  {
                    name: "CO(mg/m3)",
                    type: "line",
                    xAxisIndex: 3,
                    yAxisIndex: 3,
                    data: data_line.co,
                  },
                ],
            }
        setTimeout(() =>{
            myLine.setOption(option);
            myLine.hideLoading();
        }, 1000)
    },
    error: function (msg) {
        console.log(msg)
    }
})
```

6.6.2　图表展示

启动 Flask 开发服务器，通过浏览器访问 URL"http://127.0.0.1:5000/"，将看到图 6.6 所示的页面效果。

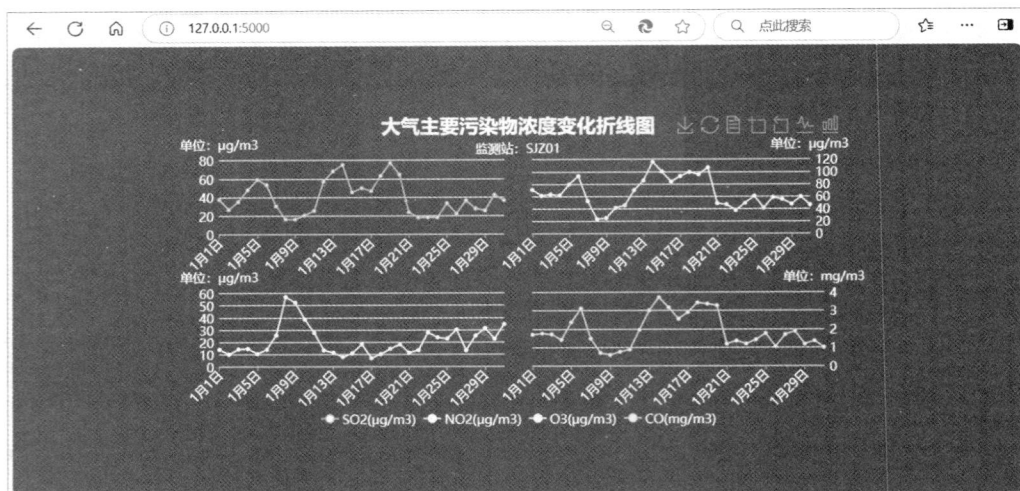

图 6.6　多网格动态折线图

本章小结

本章以"大气主要污染物浓度变化折线图"为例，详细介绍了使用 ECharts 折线图实现时间序列数据可视化的方法。通过本章的学习，读者应了解折线图的概念、特点和应用场景，了解时间序列数据的基本概念及可视化方法，掌握 ECharts 时间型坐标轴的基本用法，掌握 ECharts 坐标系网格的使用方法，掌握利用 Web 前端开发技术制作静态折线图的方法，掌握综合利用 Web 前后端开发技术制作动态折线图的方法，为开发基于 ECharts 折线图的数据可视化应用程序奠定技术基础。

习题 6

第 7 章

仪 表 盘

学习目标

(1) 了解仪表盘的概念、特点和应用场景。

(2) 了解 ECharts 仪表盘的常用属性。

(3) 掌握利用 Web 前端开发技术制作静态仪表盘的方法。

(4) 掌握综合利用 Web 前后端开发技术制作动态仪表盘的方法。

7.1　仪表盘简介

仪表盘又被称为拨号图或速度表,取材于汽车仪表盘,是一种拟物化的信息图表。基本的仪表盘由一条圆弧形状的坐标轴和一根指向某坐标刻度的指针组成,指针所指向的刻度值代表观测指标的实时值,同时,坐标轴的颜色还可以用于对观测值进行分类。例如,在图 7.1 所示的仪表盘中,根据 $PM_{2.5}$ 浓度的取值范围将坐标轴的颜色分别设置为绿、黄、橙、红、紫、褐,表征 $PM_{2.5}$ 污染的严重程度,看起来清晰直观、易于理解。因此,仪表盘能够直观地表达单一维度的量化价值和衡量标准,适用于各种业务监控、监测预警等场景。

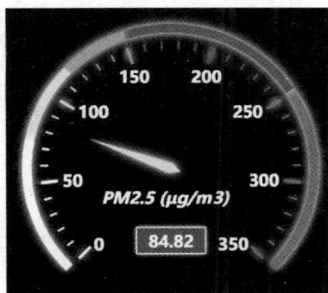

图 7.1　仪表盘示例

7.2 ECharts 仪表盘常用属性

在 ECharts 中，将数据系列组件的 type 属性值设置为 gauge，即可使用仪表盘。ECharts 仪表盘由一条圆弧形状的坐标轴和一根指针组成，坐标轴和指针的样式需要通过 series 组件中的属性进行配置，其中比较常用的属性如表 7.1 所示。

表 7.1　ECharts 仪表盘数据系列组件的常用属性

属　　　性	说　　　明
center	圆心坐标，取值支持绝对值和百分比
radius	仪表盘半径，取值支持绝对值和百分比
min	数据取值范围的下界
max	数据取值范围的上界
splitNumber	仪表盘刻度的分隔段数，默认为 10
axisLine	坐标轴线的相关配置
axisLine.lineStyle	坐标轴线的样式
axisLine.lineStyle.color	坐标轴线可以被分成不同颜色的多段，每段的结束位置和颜色可以通过一个数组来表示
axisTick	坐标轴刻度的样式
axisLabel	坐标轴刻度标签的样式
splitLine	坐标轴主分隔线的样式
pointer	指针样式
title	仪表盘标题，用于显示维度的名称，并非标题组件
detail	仪表盘详情，用于显示数据
data	数据体，结构形如"[{value: ['153.55'], name: 'PM10(μg/m3)'}]"

7.3 静态仪表盘

本项目拟使用两个仪表盘分别展示 SJZ01 监测站 $PM_{2.5}$ 和 PM_{10} 的日均值数据，仍采用先静态后动态的顺序介绍开发过程。经过条形图和折线图的开发实践，读者已积累了一些经验，因此，在本章及后续章节中，对开发过程中非关键步骤的介绍进行了适当的简化。本节主要介绍静态仪表盘的制作方法。

7.3.1　准备工作

准备工作的任务与前文类似，主要包括如下 4 个环节：①创建项目目录结构；②准备 HTML 文档；③设置元素样式；④数据准备。下面介绍各环节的具体工作。

1. 创建项目目录结构

创建项目根目录 AirPollution_Gauge_Static，并在根目录下分别创建 CSS 和 JS 目录，用于存放 CSS 文档和 JavaScript 脚本。将 ECharts 库文件 echarts.js 放在 JS 目录下。

2. 准备 HTML 文档

在项目根目录下新建 index.html 文档，作为项目主页，代码如下：

```html
<!DOCTYPE html>
<html lang="en">

<head>
    <meta charset="utf-8">
    <meta http-equiv="X-UA-Compatible" content="IE=edge">
    <meta name="viewport" content="width=device-width, initial-scale=1.0">
    <script src="JS/echarts.js"></script>
    <link rel="stylesheet" href="CSS/main.css">

    <title>颗粒物浓度监测仪表盘</title>
</head>
<body>
    <div id="gauge"></div>
    <script src="JS/gauge.js"></script>
</body>
</html>
```

3. 设置元素样式

在 AirPollution_Gauge_Static/CSS 目录下新建 main.css 文档，代码如下：

```css
body {
    background-color: black;
}
#gauge{
    position: absolute;
    left: 15%;
    top: 15%;
    width: 70%;
    height: 70%;
}
```

4. 数据准备

在本例中，需要为两个仪表盘分别准备 $PM_{2.5}$ 和 PM_{10} 的日均值数据，按照数据系列组件 data 属性的要求，将数据整理为如下格式：

```
[{value: ['153.55'], name: 'PM2.5 (µg/m3)'}]          //PM2.5
[{value: ['153.55'], name: 'PM10 (µg/m3)'}]           //PM10
```

7.3.2 图表制作

在 AirPollution_Gauge_Static/JS 目录下新建 gauge.js 脚本，用于制作仪表盘。在配置项中，需要对标题和数据系列两个组件进行配置，下面介绍配置方法。

1. 标题组件

标题组件用于设置仪表盘主、副标题的内容和样式，代码如下：

```
title: {
        text: '颗粒物浓度监测仪表盘',
        textStyle: {
            color: 'lightgray',
            fontSize: 28
        },
        subtext: '\n监测站：SJZ01          日期：2018年1月1日',
        subtextStyle: {
            color: 'lightgray',
            fontSize: 20,
            fontWeight: 'bolder',
            top: '15%'
        },
        left: 'center'
},
```

2. 数据系列组件

由于本例要创建两个仪表盘，因此需要将数据系列组件的值设置为一个数组，每个数组元素对应一个仪表盘。下面以 $PM_{2.5}$ 仪表盘为例，介绍数据系列组件的配置方法。

1）基础属性

设置仪表盘的名称、位置、尺寸、数据的取值范围及刻度的分割段数，代码如下：

```
name: 'PM2.5',
type: 'gauge',
center: ['30%', '60%'],
radius: '70%',
min: 0,                  //设置 PM2.5 浓度取值范围的下界为 0
max: 350,                //设置 PM2.5 浓度取值范围的上界为 350μg/m³
splitNumber: 7,          //设置刻度的分割段数为 7
```

2）坐标轴线

参考《环境空气质量指数（AQI）技术规定（试行）》（HJ 633—2012），对 $PM_{2.5}$ 和 PM_{10} 日均值分布的区间进行分级，并将坐标轴线各分段设置为不同的颜色，坐标轴线颜色与颗粒物浓度的对应关系如表 7.2 所示。

表 7.2　坐标轴线颜色与颗粒物浓度的对应关系

坐标轴线的颜色	$PM_{2.5}$ 日均值的取值范围/（μg/m³）	PM_{10} 日均值的取值范围/（μg/m³）
绿色	0～35	0～50
黄色	35～75	50～150
橙色	75～115	150～250
红色	115～150	250～350
紫色	150～250	350～420
褐色	250～350	420～500

坐标轴线的配置如下：

```
axisLine: {
  lineStyle: {
    color: [[0.1, 'lime'], [0.21, 'yellow'], [0.33, 'orange'], [0.43, 'red'],
            [0.71, 'purple'], [1, 'brown']],      //根据表7.2设置坐标轴线的颜色
    shadowColor: 'white',                          //设置阴影颜色,增加光影效果
    shadowBlur: 10                                 //阴影的模糊大小,增加光影效果
       }
     },
```

3) 坐标轴刻度

设置坐标轴刻度的样式,将颜色设置为与坐标轴线一致,代码如下:

```
axisTick: {
  length: 8,              //设置刻度线的长度
  lineStyle: {            //设置刻度线的样式
    width: 2,
    color: 'auto',        //颜色设置为自动,即与坐标轴线保持一致
    shadowColor: 'white',
    shadowBlur: 10
       }
     },
```

4) 坐标轴刻度标签

设置坐标轴刻度标签的样式,代码如下:

```
axisLabel: {
  fontWeight: 'bolder',
  fontSize: 18,
  color: 'white'
       },
```

5) 坐标轴主分隔线

坐标轴的主分隔线应比刻度线略长,颜色也与坐标轴线保持一致,设置如下:

```
splitLine:
  length: 18,
  lineStyle: {             //设置主分隔线的样式
    width: 3,
    color: 'auto',         //将颜色设置为自动,即与坐标轴线保持一致
    shadowColor: 'white',
    shadowBlur: 10
         },
```

6) 指针

设置指针的样式,代码如下:

```
pointer: {
  itemStyle: {
   color: 'auto',                    //将颜色设置为自动,即与坐标轴线保持一致
```

```
        shadowColor: 'white',
        shadowBlur: 10,
            }
        },
```

7）仪表盘标题

仪表盘标题是指在仪表盘内部显示的文本，并非图表的标题组件，设置如下：

```
title: {
    textStyle: {
    fontWeight: 'bolder',
    fontSize: 18,
    color: "blue",
    fontStyle: 'italic',
    color: 'white',
        }
    },
```

8）仪表盘详情

仪表盘详情提供了一个用于显示数据的矩形区域，设置如下：

```
detail: {
    width: 54,                       //详情区域的宽度
    height: 18,                      //详情区域的高度
    backgroundColor: 'blue',         //详情区域的背景颜色
    borderWidth: 1,                  //详情区域的边框宽度
    borderColor: 'white',            //详情区域的边框颜色
    shadowColor: 'white',
    shadowBlur: 5,
    offsetCenter: [0, '50%'],        //详情区域相对于仪表盘中心的偏移位置
    textStyle: {
        fontWeight: 'bolder',
        fontSize: 18,
        color: 'white'
            }
        },
```

9）数据

设置数据内容，代码如下：

```
data: [{value: ['153.55'], name: 'PM2.5 (μg/m3)'}]
```

7.3.3　图表展示

使用浏览器打开 index.html，查看仪表盘显示效果，如图 7.2 所示。

图 7.2　静态仪表盘

7.4　动态仪表盘

动态仪表盘可在动态条形图的基础上改造而成,改造过程包括准备工作、图表制作、图表展示 3 个阶段,下面分别介绍各阶段的具体工作。

7.4.1　准备工作

在本地复制一份动态条形图的项目文件夹,更名为 AirPollution_Gauge_Dynamic,作为项目根目录。

7.4.2　图表制作

1. 数据转换

数据转换包括以下 3 个环节:①组装 JSON 字符串;②发布 JSON 数据接口;③测试 JSON 数据接口。下面分别介绍各环节的具体工作。

1) 组装 JSON 字符串

对项目根目录下的 preprocess.py 脚本进行如下修改:定义 getGaugeJSON()函数,用于接收目标数据、组装并返回 JSON 字符串。JSON 字符串中包含 pm25 和 pm10 两个键值对,对应两种颗粒物的观测记录。修改后的 preprocess.py 内容如下:

```
import json

def getGaugeJSON(data):
    dct = {}
    pm25 = []
    pm10 = []
    for item in res:
        pm25.append(item[0])
        pm10.append(item[1])
    dct['pm10'] = pm10
    dct['pm25'] = pm25
    return json.dumps(dct, ensure_ascii = False)
```

2）发布 JSON 数据接口

向 server.py 中添加视图函数 json_for_gauge()，在视图函数中构造 SQL 查询语句，先调用 model.py 中的 getData() 函数执行查询、返回目标数据；再调用 preprocess.py 中的 getGaugeJSON() 函数将目标数据组装为 JSON 字符串；最后，利用装饰器将 URL 规则 /json_for_gauge 与该函数进行绑定。json_for_gauge() 函数的定义如下：

```python
@app.route('/json_for_gauge')
def json_for_gauge():
    sql='''
        SELECT
            pm25,
            pm10
        FROM
            airpollution
        WHERE
            station = 'SJZ01' AND
            date = '2018-01-01 00:00:00'
    '''
    return getGaugeJSON(getData(sql))
```

3）测试 JSON 数据接口

启动 Flask 开发服务器。在浏览器中访问 URL"http://127.0.0.1:5000/json_for_gauge"，如果能够看到图 7.3 所示的页面，说明数据接口发布正常。

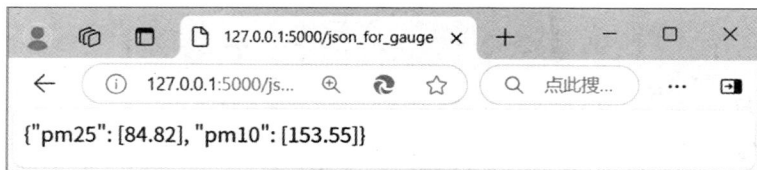

```
{"pm25": [84.82], "pm10": [153.55]}
```

图 7.3　JSON 数据接口页面

2. 数据加载

在 static/JS 目录下新建 gauge.js 脚本，添加仪表盘实例初始化语句及 ajax() 方法框架，代码如下：

```javascript
let container = $("#gauge")[0]
let myGauge = echarts.init(container, null, {renderer: "svg"})
let data_gauge = {
    pm25: [],
    pm10: []
}
$.ajax({
    url: '/json_for_gauge',
    method: 'GET',
    dataType: 'json',
    success: function (data) {
        data_gauge.pm25 = data.pm25
        data_gauge.pm10 = data.pm10
```

```
    ...                     //省略部分代码
    },
    error: function (msg) {console.log(msg)}
})
...                         //省略部分代码
```

3. 数据渲染

在静态仪表盘配置的基础上,将 series 组件的 data 属性值由常量修改为变量,即可得到动态仪表盘的配置。gauge.js 的完整内容如下:

```
let container = $("#gauge")[0]
let myGauge = echarts.init(container, null, {renderer: "svg"})
let data_gauge = {
    pm25: [],
    pm10: []
}
$.ajax({
    url: '/json_for_gauge',
    method: 'GET',
    dataType: 'json',
    success: function (data) {
        data_gauge.pm25 = data.pm25
        data_gauge.pm10 = data.pm10
        let option = (
            {
                title: {
                    text: '颗粒物浓度监测仪表盘',
                    textStyle: {
                        color: 'lightgray',
                        fontSize: 28
                    },
                    subtext: '\n监测站: SJZ01        日期: 2018年1月1日',
                    subtextStyle: {
                        color: 'lightgray',
                        fontSize: 20,
                        fontWeight: 'bolder',
                        top: '15%'
                    },
                    left: 'center'
                },
                series: [
                    {
                        name: 'PM2.5',
                        type: 'gauge',
                        center: ['30%', '60%'],
                        radius: '70%',
                        min: 0,
                        max: 350,
                        splitNumber: 7,
```

```
                    axisLine: {
                        lineStyle: {
                            color: [[0.1, 'lime'], [0.21, 'yellow'],
                                    [0.33, 'orange'], [0.43, 'red'],
                                    [0.71, 'purple'], [1, 'brown']],
                            shadowColor: 'white',
                            shadowBlur: 10
                        }
                    },
                    axisTick: {
                        length: 8,
                        lineStyle: {
                            width: 2,
                            color: 'auto',
                            shadowColor: 'white',
                            shadowBlur: 10
                        }
                    },
                    axisLabel: {
                        fontWeight: 'bolder',
                        fontSize: 18,
                        color: 'white'
                    },
                    splitLine: {
                        length: 18,
                        lineStyle: {
                            width: 3,
                            color: 'auto',
                            shadowColor: 'white',
                            shadowBlur: 10
                        }
                    },
                    pointer: {
                        itemStyle: {
                            color: 'auto',
                            shadowColor: 'white',
                            shadowBlur: 10,
                        }
                    },
                    title: {
                        textStyle: {
                            fontWeight: 'bolder',
                            fontSize: 18,
                            color: "blue",
                            fontStyle: 'italic',
                            color: 'white',
                        }
                    },
                    detail: {
                        width: 54,
```

```
            height: 18,
            backgroundColor: 'blue',
            borderWidth: 1,
            borderColor: 'white',
            shadowColor: 'white',
            shadowBlur: 5,
            offsetCenter: [0, '50%'],
            textStyle: {
                fontWeight: 'bolder',
                fontSize: 18,
                color: 'white'
            }
        },
        data: [{value: data_gauge.pm25,
            name: 'PM2.5 (μg/m3)'}]
    },
    {
        name: 'PM10',
        type: 'gauge',
        min: 0,
        max: 500,
        splitNumber: 5,
        center: ['70%', '60%'],
        radius: '70%',
        axisLine: {
            lineStyle: {
                color: [[0.1, 'lime'], [0.3, 'yellow'],
                        [0.5, 'orange'], [0.7, 'red'],
                        [0.84, 'purple'], [1, 'brown']],
                shadowColor: 'white',
                shadowBlur: 10
            }
        },
        axisTick: {
            length: 8,
            lineStyle: {
                width: 2,
                color: 'auto',
                shadowColor: 'white',
                shadowBlur: 10
            }
        },
        axisLabel: {
            fontWeight: 'bolder',
            fontSize: 18,
            color: 'white'
        },
        splitLine: {
            length: 18,
            lineStyle: {
```

```
                                        width: 3,
                                        color: 'auto',
                                        shadowColor: 'white',
                                        shadowBlur: 10
                                    }
                                },
                                pointer: {
                                    itemStyle: {
                                        color: 'auto',
                                        shadowColor: 'white',
                                        shadowBlur: 10,
                                    }
                                },
                                title: {
                                    textStyle: {
                                        fontWeight: 'bolder',
                                        fontSize: 18,
                                        color: "blue",
                                        fontStyle: 'italic',
                                        color: 'white',
                                    }
                                },
                                detail: {
                                    width: 54,
                                    height: 18,
                                    backgroundColor: 'blue',
                                    borderWidth: 1,
                                    borderColor: 'white',
                                    shadowColor: 'white',
                                    shadowBlur: 5,
                                    offsetCenter: [0, '50%'],
                                    textStyle: {
                                        fontWeight: 'bolder',
                                        fontSize: 18,
                                        color: 'white'
                                    }
                                },
                                data: [{value: data_gauge.pm10,
                                    name: 'PM10 (μg/m3)'}]
                            }
                        ]
                    }
                )
            setTimeout(() =>{
                myGauge.setOption(option);
                myGauge.hideLoading();
            }, 1000)
        },
        error: function (msg) {console.log(msg)}
    })
```

7.4.3 图表展示

运行 server.py,启动 Flask 开发服务器。通过浏览器访问 URL"http://127.0.0.1：5000/",将看到图 7.4 所示的页面效果。

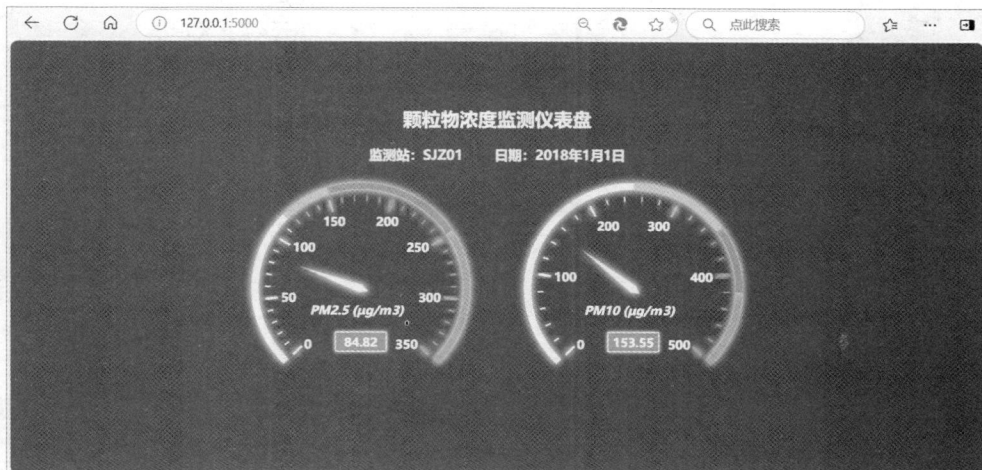

图 7.4 动态仪表盘

本章小结

本章以"颗粒物浓度监测仪表盘"为例,详细介绍了利用 ECharts 仪表盘对数据进行可视化的方法。通过本章的学习,读者应了解仪表盘的概念、特点和应用场景,了解 ECharts 仪表盘的常用属性,掌握利用 Web 前端开发技术制作静态仪表盘的方法,掌握综合利用 Web 前后端开发技术制作动态仪表盘的方法,为开发基于 ECharts 仪表盘的数据可视化应用程序奠定技术基础。

习题 7

扫一扫

习题

扫一扫

自测题

第 **8** 章

热 力 图

学习目标

(1) 了解热力图的概念、特点和应用场景。

(2) 了解 ECharts 日历热力图的核心组件及常用属性。

(3) 掌握 ECharts 日历坐标系组件、视觉映射组件的基本用法。

(4) 掌握利用 Web 前端开发技术制作静态日历热力图的方法。

(5) 掌握综合利用 Web 前后端开发技术制作动态日历热力图的方法。

8.1 热力图简介

热力图又称热图,是一种通过颜色表现数值大小的图表,在各种业务数据分析场景中有着十分广泛的应用。热力图通常与空间或时间坐标系结合,用于展示业务数据在空间或时间上的分布状态。当热力图与日历坐标系结合时,就形成了日历热力图,以日历的形式展示数据的密集程度或变化趋势。例如,图 8.1 以日历的形式展示了 2018 年 1 月 SJZ01 监测站 $PM_{2.5}$ 浓度日均值的变化情况,从图中可以直观看出,从 9 日到 14 日,$PM_{2.5}$ 浓度呈递增趋势;从 14 日到 20 日,$PM_{2.5}$ 浓度持续偏高;从 21 日开始,$PM_{2.5}$ 污染情况开始好转;31 日,

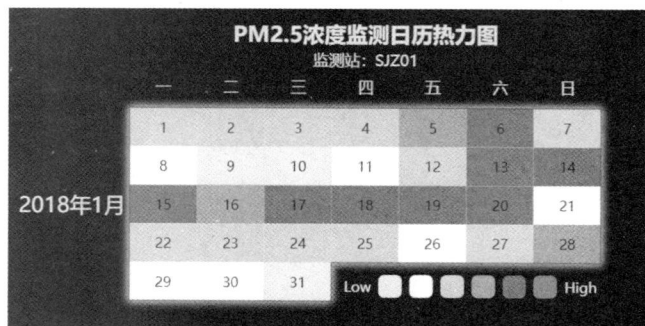

图 8.1 日历热力图示例

$PM_{2.5}$浓度到达低值。可见,利用日历热力图,能够非常直观地分析数据的时变特征。

8.2 ECharts 日历热力图核心组件

在 ECharts 中,日历热力图的实现主要依赖数据系列(series)、日历坐标系(calendar)和视觉映射(visualMap)3 个组件,下面分别介绍 3 个组件的常用属性。

8.2.1 数据系列组件

要使用日历热力图,需要先将数据系列组件的 type 属性值设置为 heatmap,再将 coordinateSystem 的属性值设置为 calendar,即日历坐标系。表 8.1 列举了 ECharts 热力图数据系列组件的常用属性。

表 8.1 ECharts 热力图数据系列组件的常用属性

属　　性	说　　明
type	图表类型,设置为 heatmap(热力图)
coordinateSystem	该系列使用的坐标系,可选项有 cartesian2d(笛卡儿坐标系)、geo(地理坐标系)、calendar(日历坐标系)
data	数据体,结构形如"[['2018-01-01', 84.82],…]"
label	标签,可利用 formatter 属性实现格式化输出

8.2.2 日历坐标系组件

日历坐标系组件用于为日历热力图提供坐标系。表 8.2 列举了日历坐标系组件的常用属性。其中,dayLabel、monthLabel 和 yearLabel 是控制日、月、年标签样式的属性,支持使用 formatter 属性实现格式化显示,支持字符串模板和回调函数两种形式,具体用法可参考 6.2.1 节中的内容。

表 8.2 日历坐标系组件的常用属性

属　　性	说　　明
cellSize	日历单元格的尺寸,支持自适应设置
range	日历坐标的范围,支持年、月、日等多种日期格式
itemStyle	日历单元格的样式
dayLabel	设置日历坐标系中"星期轴"的样式,包含若干子属性
dayLabel.firstDay	每周从周几开始,默认值为"0",即从周日开始
dayLabel.margin	星期标签与轴线之间的距离
dayLabel.nameMap	标签的显示效果,可选项有"EN"(英文)、"ZH"(中文)或自定义
monthLabel	设置日历坐标系中"月份轴"的样式,包含若干子属性
monthLabel.formatter	用于格式化月份标签,支持字符串模板和回调函数两种形式,默认显示 range 属性定义的月份

属　　　性	说　　　明
yearLabel	设置日历坐标中"年"的样式，包含若干子属性
yearLabel.formatter	用于格式化年份标签，支持字符串模板和回调函数两种形式，默认显示 range 属性定义的年份

8.2.3　视觉映射组件

视觉映射组件用于将数据映射为某种视觉元素。ECharts 中的视觉元素包括图形类别（symbol）、图形大小（symbolSize）、颜色（color）、颜色透明度（colorAlpha）、图元及其附属物的透明度（opacity）、颜色明暗度（colorLightness）、颜色饱和度（colorSaturation）及色调（colorHue），其中比较常用的是图形大小和颜色。ECharts 提供了分段型（visualMapPiecewise）和连续型（visualMapContinuous）两种类型的视觉映射组件，分别用于支持离散型和连续型变量的可视化。在本项目中，需要根据表 7.2 将 $PM_{2.5}$ 浓度归入某一个类别，而类别属于典型的离散型变量，因此，使用分段型视觉映射组件。表 8.3 列举了分段型视觉映射组件的常用属性。

表 8.3　分段型视觉映射组件的常用属性

属　　　性	说　　　明
type	组件类型，可选项有 piecewise（分段型）和 continuous（连续型）
pieces	定义每段的取值范围、标签和样式，取值示例如下： [{min: 0, max: 35, label: '0～35μg/m3', color: 'lime'}]
orient	布局方式，可选项有 vertical（垂直）和 horizontal（水平）
itemWidth	色标的宽度
itemHeight	色标的高度
text	色标两端的标签文本，如['High', 'Low']

扫一扫

视频讲解

8.3　静态日历热力图

本例拟使用热力图展示 2018 年 1 月 SJZ01 监测站 $PM_{2.5}$ 浓度日均值的变化情况，仍采用先静态后动态的顺序介绍开发过程。本节主要介绍静态日历热力图的制作方法。

8.3.1　准备工作

准备工作阶段主要包括如下 4 个环节：①创建项目目录结构；②准备 HTML 文档；③设置元素样式；④数据准备。下面介绍各环节的具体工作。

1. 创建项目目录结构

创建项目根目录 AirPollution_Heatmap_Static，在根目录下分别创建 CSS 和 JS 目录，用于存放 CSS 文档和 JS 脚本。将 ECharts 库文件 echarts.js 放在 JS 目录下。

2. 准备 HTML 文档

在项目根目录下新建 index.html 文档，作为项目主页，代码如下：

```html
<!DOCTYPE html>
<html lang="en">
<head>
    <meta charset="UTF-8">
    <meta http-equiv="X-UA-Compatible" content="IE=edge">
    <meta name="viewport" content="width=device-width, initial-scale=1.0">
    <script src="JS/echarts.js"></script>
    <link rel="stylesheet" href="CSS/main.css">
    <title>PM2.5浓度监测日历热力图</title>
</head>
<body>
    <div id="heatmap"></div>
    <script src="JS/heatmap.js"></script>
</body>
</html>
```

3. 设置元素样式

在 AirPollution_Heatmap_Static/CSS 目录下新建 main.css 文档，代码如下：

```css
body {
    background-color: black;
}
#heatmap{
    position: absolute;
    left: 15%;
    top: 15%;
    width: 70%;
    height: 70%;
}
```

4. 数据准备

在本例中，需要为日历热力图准备 $PM_{2.5}$ 的时序数据。按照数据系列组件 data 属性的要求，数据体应为数组形式，数组元素为观测日期和日均值的二元组，形如"["2018-01-01"，84.82]"。整理好的 data 属性值如下：

```
[['2018-01-01', 84.82],['2018-01-02', 86.28],['2018-01-03', 94.59],
['2018-01-04', 84.94],['2018-01-05', 143.21],['2018-01-06', 217.20],
['2018-01-07', 111.68],['2018-01-08', 36.17],['2018-01-09', 24.53],
['2018-01-10', 31.62],['2018-01-11', 43.92],['2018-01-12', 85.70],
['2018-01-13', 162.49],['2018-01-14', 244.47],['2018-01-15', 220.71],
['2018-01-16', 147.08],['2018-01-17', 172.81],['2018-01-18', 207.00],
['2018-01-19', 175.46],['2018-01-20', 226.61],['2018-01-21', 54.49],
['2018-01-22', 76.07],['2018-01-23', 76.96],['2018-01-24', 85.94],
['2018-01-25', 105.63],['2018-01-26', 50.46],['2018-01-27', 105.17],
['2018-01-28', 142.73],['2018-01-29', 58.13],['2018-01-30', 41.87],
['2018-01-31', 34.24]]
```

8.3.2 图表制作

在 AirPollution_Heatmap_Static/JS 目录下新建 heatmap.js 脚本，用于制作日历热力图。在配置项中，需要对标题组件、日历坐标系组件、视觉映射组件、数据系列组件进行配置，下面介绍配置方法。

1. 标题组件

标题组件用于设置仪表盘主、副标题的内容和样式，代码如下：

```
title: {
    text: 'PM2.5浓度监测日历热力图',
    textStyle: {
        color: 'lightgray',
        fontSize: 28
    },
    subtext: '监测站: SJZ01',
    show: true,
    subtextStyle: {
        color: 'lightgray',
        fontSize: 20,
    },
    left: 'center'
},
```

2. 日历坐标系组件

日历坐标系组件用于设置日历的尺寸、位置、样式和取值范围，代码如下：

```
calendar: {
    cellSize: 'auto',                //设置宽高均自适应
    orient: 'vertical',
    left: '20%',
    right: '20%',
    top: '25%',
    bottom: '20%',
    range: '2018-01',                //日历坐标的范围为 2018 年 1 月 1 日至 31 日
    itemStyle: {
        borderWidth: 0.5,
        shadowColor: 'white',
        shadowBlur: 10,
    },
    dayLabel: {                      //星期轴的样式
        firstDay: 1,                 //设置每周从周一开始
        margin: '35%',
        nameMap: 'ZH',               //设置星期标签为中文，如一、五、六、日
        textStyle: {
            color: 'lightgray',
            fontSize: 20
        }
    },
```

```
    monthLabel: {                          //月份轴的样式
        show: true,
        nameMap: 'ZH',                     //设置星期标签为中文,如1月
        formatter: '{yyyy}年{M}月',         //格式化标签为2018年1月
        textStyle: {
            color: 'lightgray',
            fontSize: 28,
        }
    },
    yearLabel: {show: false}               //隐藏年份标签
},
```

3. 视觉映射组件

在本例中,视觉映射组件用于将 PM$_{2.5}$ 浓度值映射为颜色,代码如下:

```
visualMap: {
    type: 'piecewise',                     //使用分段型视觉映射组件
    pieces: [                              //根据表7.2定义分段的取值范围和颜色
        {min: 0, max: 35, color: 'lime'},
        {min: 35, max: 75, color: 'yellow'},
        {min: 75, max: 115, color: 'orange'},
        {min: 115, max: 150, color: 'red'},
        {min: 150, max: 250, color: 'purple'},
        {min: 250, max: 350, color: 'brown'}
    ],
    orient: 'horizontal',
    right: '20%',
    bottom: '20%',
    itemWidth: 30,                         //设置色标的宽度为30px
    itemHeight: 30,                        //设置色标的高度为30px
    text: ['High', 'Low'],                 //设置色标两端的标签
    textStyle: {
        color: 'lightgray',
        fontSize: 18
    },
    show: true
},
```

4. 数据系列组件

在本例中,需要对数据系列组件的图表类型、坐标系、数据、标签等属性进行设置,代码
如下:

```
series: [
        {
            type: 'heatmap',               //设置图表类型为热力图
            coordinateSystem: 'calendar',  //设置坐标系为日历坐标系
            data: [['2018-01-01', 84.82],['2018-01-02', 86.28],
                ['2018-01-03', 94.59], ['2018-01-04', 84.94],
                ['2018-01-05', 143.21],['2018-01-06', 217.20],
                ['2018-01-07', 111.68],['2018-01-08', 36.17],
```

```
                    ['2018-01-09', 24.53], ['2018-01-10', 31.62],
                    ['2018-01-11', 43.92],['2018-01-12', 85.70],
                    ['2018-01-13', 162.49],['2018-01-14', 244.47],
                    ['2018-01-15', 220.71], ['2018-01-16', 147.08],
                    ['2018-01-17', 172.81],['2018-01-18', 207.00],
                    ['2018-01-19', 175.46],['2018-01-20', 226.61],
                    ['2018-01-21', 54.49], ['2018-01-22', 76.07],
                    ['2018-01-23', 76.96],['2018-01-24', 85.94],
                    ['2018-01-25', 105.63],['2018-01-26', 50.46],
                    ['2018-01-27', 105.17], ['2018-01-28', 142.73],
                    ['2018-01-29', 58.13],['2018-01-30', 41.87],
                    ['2018-01-31', 34.24]],
            label: {                            //设置标签为当日日期,如"31"
                show: true,
                formatter: function (params) {
                    return echarts.format.formatTime('d', params.value[0]);
                },
                fontSize: 18,
                color: 'black',
            }
        }],
```

8.3.3 图表展示

使用浏览器打开 index.html,查看日历热力图显示效果,如图 8.2 所示。

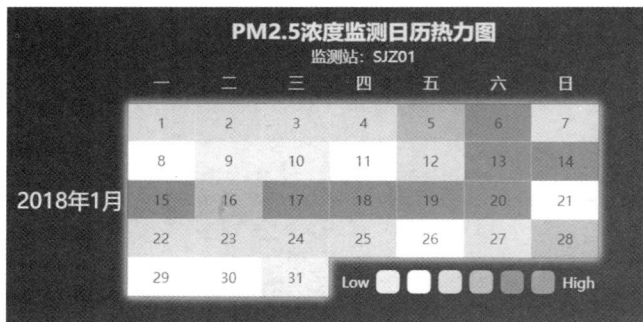

图 8.2 静态日历热力图

8.4 动态日历热力图

动态日历热力图可在动态折线图的基础上改造而成,改造过程包括准备工作、图表制作、图表展示 3 个阶段,下面分别介绍各阶段的具体工作。

8.4.1 准备工作

在本地复制一份动态折线图的项目文件夹,更名为 AirPollution_Heatmap_Dynamic,作为项目根目录。

8.4.2 图表制作

1. 数据转换

数据转换包括以下 3 个环节：①组装 JSON 字符串；②发布 JSON 数据接口；③测试 JSON 数据接口。下面分别介绍各环节的具体工作。

1）组装 JSON 字符串

修改项目根目录下的 preprocess.py 脚本，在其中定义 getHeatJSON() 函数，用于接收目标数据、组装并返回 JSON 字符串。JSON 字符串中的内容是 2018 年 1 月 SJZ01 监测站 PM$_{2.5}$ 浓度的日均值记录，数据结构形如"{"pm25"：[["2018-01-01"，84.82]，…]}"。修改后的 preprocess.py 内容如下：

```python
import json

def getHeatJSON(data):
    dct = {}
    pm25 = []
    for item in data:
        day = item[0]
        pm25.append([day, item[1]])
    dct['pm25'] = pm25
    return json.dumps(dct, ensure_ascii = False)
```

2）发布 JSON 数据接口

向 server.py 中添加视图函数 json_for_heatmap()，在视图函数中构造 SQL 查询语句，先调用 model.py 中的 getData() 函数执行查询、返回目标数据；再调用 preprocess.py 中的 getHeatJSON() 函数将目标数据组装为 JSON 字符串；最后，利用装饰器将 URL 规则/json_for_heatmap 与该函数进行绑定。json_for_heatmap() 函数的定义如下：

```python
@app.route('/json_for_heatmap')
def json_for_heatmap():
    sql='''
        SELECT
            DATE_FORMAT(date,'%Y-%m-%d') as day,
            pm25
        FROM
            airpollution
        WHERE
            station = 'SJZ01'
    '''
    return getHeatJSON(getData(sql))
```

3）测试 JSON 数据接口

启动 Flask 开发服务器，在浏览器中访问 URL "http://127.0.0.1:5000/json_for_heatmap"，如果能够看到图 8.3 所示的页面，说明数据接口发布正常。

2. 数据加载

在 static/JS 目录下新建 heatmap.js 脚本，添加日历热力图实例初始化语句及 ajax() 方

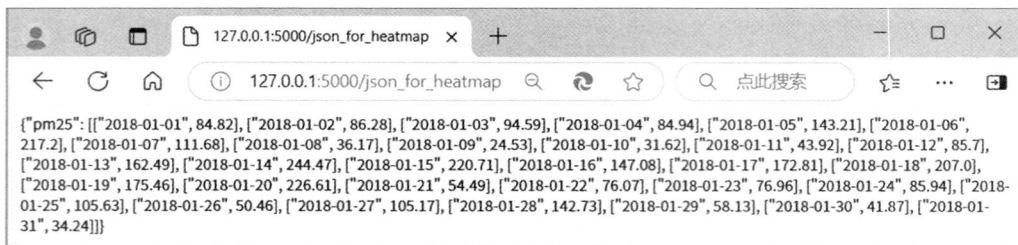

{"pm25": [["2018-01-01", 84.82], ["2018-01-02", 86.28], ["2018-01-03", 94.59], ["2018-01-04", 84.94], ["2018-01-05", 143.21], ["2018-01-06", 217.2], ["2018-01-07", 111.68], ["2018-01-08", 36.17], ["2018-01-09", 24.53], ["2018-01-10", 31.62], ["2018-01-11", 43.92], ["2018-01-12", 85.7], ["2018-01-13", 162.49], ["2018-01-14", 244.47], ["2018-01-15", 220.71], ["2018-01-16", 147.08], ["2018-01-17", 172.81], ["2018-01-18", 207.0], ["2018-01-19", 175.46], ["2018-01-20", 226.61], ["2018-01-21", 54.49], ["2018-01-22", 76.07], ["2018-01-23", 76.96], ["2018-01-24", 85.94], ["2018-01-25", 105.63], ["2018-01-26", 50.46], ["2018-01-27", 105.17], ["2018-01-28", 142.73], ["2018-01-29", 58.13], ["2018-01-30", 41.87], ["2018-01-31", 34.24]]}

图 8.3　JSON 数据接口页面

法框架，代码如下：

```
let container = $("#heatmap")[0]
let myHeatmap = echarts.init(container, null, {renderer: "svg"})
let data_heatmap = []
$.ajax({
    url: '/json_for_heatmap',
    method: 'GET',
    dataType: 'json',
    success: function (data) {
        data_heatmap = data.pm25
        ...            //省略部分代码
    },
    error: function (msg) {console.log(msg)}
})
...            //省略部分代码
```

3. 数据渲染

在静态日历热力图配置的基础上，将 series 组件的 data 属性值由常量修改为变量，即可得到动态日历热力图的配置。heatmap.js 的完整内容如下：

```
let container = $("#heatmap")[0]
let myHeatmap = echarts.init(container, null, {renderer: "svg"})
let data_heatmap = []
$.ajax({
    url: '/json_for_heatmap',
    method: 'GET',
    dataType: 'json',
    success: function (data) {
        data_heatmap = data.pm25
        let option = {
            title: {
                text: 'PM2.5浓度监测日历热力图',
                textStyle: {
                    color: 'lightgray',
                    fontSize: 28
                },
                subtext: '监测站：SJZ01',
                show: true,
                subtextStyle: {
```

```
                color: 'lightgray',
                fontSize: 20,
            },
            left: 'center'
        },
        calendar: {
            cellSize: 'auto',
            orient: 'vertical',
            left: '20%',
            right: '20%',
            top: '25%',
            bottom: '20%',
            range: data_heatmap[0][0].substring(0, 7),
            itemStyle: {
                borderWidth: 0.5,
                shadowColor: 'white',
                shadowBlur: 10,
            },
            dayLabel: {
                firstDay: 1,
                margin: '35%',
                nameMap: 'ZH',
                textStyle: {
                    color: 'lightgray',
                    fontSize: 20
                }
            },
            monthLabel: {
                show: true,
                nameMap: 'ZH',
                formatter: '{yyyy}年{M}月',
                textStyle: {
                    color: 'lightgray',
                    fontSize: 28,
                }
            },
            yearLabel: {show: false}
        },
        visualMap: {
            type: 'piecewise',
            pieces: [
                {min: 0, max: 35, color: 'lime'},
                {min: 35, max: 75, color: 'yellow'},
                {min: 75, max: 115, color: 'orange'},
                {min: 115, max: 150, color: 'red'},
                {min: 150, max: 250, color: 'purple'},
                {min: 250, max: 350, color: 'brown'}
            ],
            orient: 'horizontal',
            right: '20%',
```

```
            bottom: '20%',
            itemWidth: 30,
            itemHeight: 30,
            text: ['High', 'Low'],
            textStyle: {
                color: 'lightgray',
                fontSize: 18
            },
            show: true
        },
        series: [
            {
                type: 'heatmap',
                coordinateSystem: 'calendar',
                data: data_heatmap,
                label: {
                    show: true,
                    formatter: function (params) {
                        return echarts.format.formatTime('d',
                                params.value[0]);
                    },
                    fontSize: 18,
                    color: 'black',
                }
            }],
        tooltip: {
            position: 'top',
            formatter: function (p) {
                return 'PM2.5日均值' + ': ' + p.data[1] + ' μg/m3';
            }
        }
    }
    setTimeout(() =>{
        myHeatmap.setOption(option);
        myHeatmap.hideLoading();
    }, 1000)
},
error: function (msg) {
    console.log(msg)
}
})
```

8.4.3　图表展示

运行 server.py，启动 Flask 开发服务器，在浏览器中访问 URL"http://127.0.0.1:5000/"，将看到图 8.4 所示的页面效果。

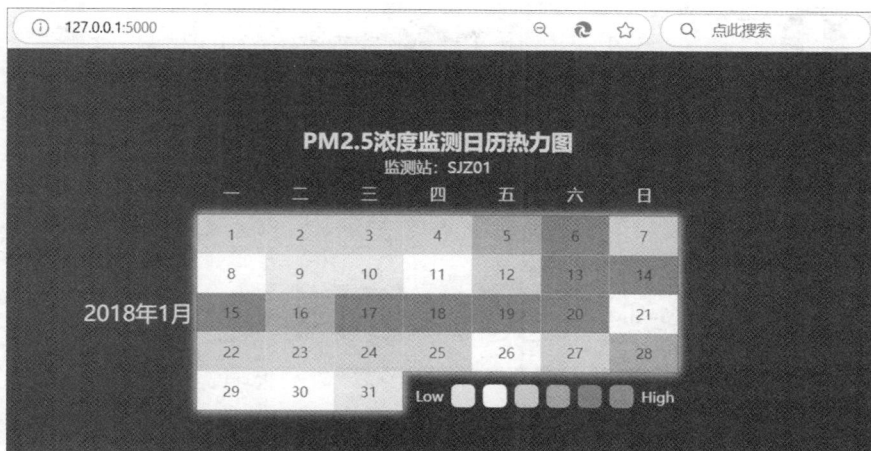

图 8.4 动态日历热力图

本章小结

本章以"PM$_{2.5}$浓度监测日历热力图"为例,详细介绍了使用 ECharts 热力图对日值数据进行可视化的方法。通过本章的学习,读者应了解热力图的概念、特点和应用场景,了解 ECharts 日历热力图的核心组件及常用属性,掌握 ECharts 日历坐标系组件、视觉映射组件的基本用法,掌握利用 Web 前端开发技术制作静态日历热力图的方法,掌握综合利用 Web 前后端开发技术制作动态日历热力图的方法,为开发基于 ECharts 热力图的数据可视化应用程序奠定技术基础。

习题 8

扫一扫

习题

扫一扫

自测题

第 9 章

平行坐标图

学习目标

(1) 了解平行坐标图的概念、特点和应用场景。

(2) 了解 ECharts 平行坐标图的核心组件及常用属性。

(3) 掌握 ECharts 平行坐标系、平行坐标轴组件的基本用法。

(4) 掌握利用 Web 前端开发技术制作静态平行坐标图的方法。

(5) 掌握综合利用 Web 前后端开发技术制作动态平行坐标图的方法。

9.1　平行坐标图简介

平行坐标图是一种展示高维数据的信息图表。在平行坐标图中存在多条互相平行的坐标轴,每条坐标轴对应一个数据维度,每条记录则对应一条贯穿所有坐标轴的折线。折线的形态能够反映记录之间的关系,随着数据量的增加,形态相似的折线会堆叠起来,形成聚类的效果,从而揭示出记录之间的相关关系。例如,图 9.1 所示为 11 个监测站的空气质量指数平行坐标图。从图 9.1 中可以看出,根据 AQI 类别可将 11 条记录分为"优""良""轻度污

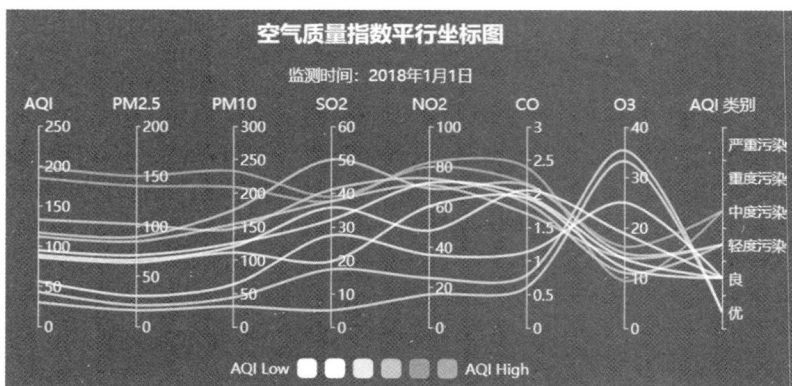

图 9.1　平行坐标图示例

染""中度污染"4个类别,分别用绿、黄、橙、红4种颜色标记。通过观察不难看出,相同颜色的折线具有相似的形态,说明这些监测站的空气污染可能有相似的成因。通过这个例子可以发现,平行坐标图可为聚类分析提供一种直观的参考。

9.2 ECharts 平行坐标图核心组件

在ECharts中,平行坐标图的实现主要依赖数据系列、平行坐标系、平行坐标轴和视觉映射等组件。其中,视觉映射组件的用法可参阅8.2.3节,本节重点介绍数据系列组件、平行坐标系组件、平行坐标轴组件的用法。

9.2.1 数据系列组件

在ECharts中,将数据系列组件的type属性值设置为parallel,即可使用平行坐标图。表9.1列举了ECharts平行坐标图数据系列组件的常用属性。

表 9.1　ECharts 平行坐标图数据系列组件的常用属性

属　　性	说　　明
type	图表类型,设置为 parallel(平行坐标图)
lineStyle	折线的样式,包含若干子属性
smooth	是否对折线进行平滑,可选项为 true 或 false
data	数据体,结构形如"[['HD01', 89.36, 174.41, 50.07, 69.11, 2.13, 14.87, 117, '轻度污染'],…]"

9.2.2 平行坐标系组件

平行坐标系组件提供了多条互相平行的坐标轴,每条坐标轴对应一个数据维度。平行坐标系组件最常用的属性之一是 parallelAxisDefault,用于对多条坐标轴进行统一配置,表9.2列举了 parallelAxisDefault 的常用子属性。

表 9.2　parallelAxisDefault 的常用子属性

属　　性	说　　明
nameLocation	坐标轴名称显示位置,可选项有 start、center 和 end
nameTextStyle	坐标轴名称的文字样式
nameGap	坐标轴名称与轴线之间的距离
splitNumber	坐标轴的分割段数
axisLine	坐标轴轴线相关设置,包含若干子属性
axisTick	坐标轴刻度相关设置,包含若干子属性
axisLabel	坐标轴刻度标签的相关设置,包含若干子属性

9.2.3 平行坐标轴组件

平行坐标轴组件用于对平行坐标系中的每条坐标轴分别进行配置,它的值是一个数组,其中每个元素代表一条坐标轴。平行坐标轴组件的常用属性如表 9.3 所示。

表 9.3　平行坐标轴组件的常用属性

属　　性	说　　　明
dim	坐标轴的维度序号，对应数据体中的某一列
type	坐标轴类型，可选项有 value（数值轴）、category（类目轴）、time（时间轴）和 log（对数轴）
name	坐标轴的名称
min	坐标轴刻度的最小值
max	坐标轴刻度的最大值
data	数据，在类目轴中有效

9.3　静态平行坐标图

9.3.1　准备工作

准备工作阶段主要包括如下 4 个环节：①创建项目目录结构；②准备 HTML 文档；③设置元素样式；④数据准备。其中，数据准备环节的工作任务是根据基础数据计算空气质量指数并确定类别。下面介绍各环节的具体工作。

1. 创建项目目录结构

创建项目根目录 AirPollution_Parallel_Static，并在根目录下分别创建 CSS 和 JS 目录，用于存放 CSS 文档和 JavaScript 脚本。将 ECharts 库文件 echarts.js 放在 JS 目录下。

2. 准备 HTML 文档

在项目根目录下新建 index.html 文档，作为项目主页，内容如下：

```html
<!DOCTYPE html>
<html lang="en">
<head>
  <meta charset="UTF-8">
  <meta http-equiv="X-UA-Compatible" content="IE=edge">
  <meta name="viewport" content="width=device-width, initial-scale=1.0">
  <script src="JS/echarts.js"></script>
  <link rel="stylesheet" href="CSS/main.css">
  <title>空气质量指数平行坐标图</title>
</head>
<body>
  <div id = "parallel"></div>
  <script src="JS/parallel.js"></script>
</body>
</html>
```

3. 设置元素样式

在 AirPollution_Heatmap_Static/CSS 目录下新建 main.css 文档，内容如下：

```
body {
    background-color: black;
}
#parallel{
    position: absolute;
    left: 15%;
    top: 15%;
    width: 70%;
    height: 70%;
}
```

4. 数据准备

由于基础数据中并未提供空气质量指数,因此需要计算并补充到数据集中。参考《环境空气质量指数(AQI)技术规定(试行)》(HJ 633—2012),根据 $PM_{2.5}$、PM_{10}、SO_2、NO_2、CO 和 O_3 6 种污染物的日均值,计算得到各监测站的 AQI 及其类别,如表 9.4 所示。

表 9.4　11 个监测站的空气质量指数及其所属类别

监测站代码	AQI	AQI 类别
HD01	117	轻度污染
XT01	199	中度污染
HS01	185	中度污染
SJZ01	112	轻度污染
CZ01	133	轻度污染
BD01	95	良
LF01	86	良
TS01	89	良
QHD01	56	良
ZJK01	43	优
CD01	30	优

将表 9.4 中的结果加入基础数据,构造新的数据体,格式如下:

```
[['HD01', 89.36, 174.41, 50.07, 69.11, 2.13, 14.87, 117, '轻度污染'],
['XT01', 149.95, 232.85, 38.91, 79.85, 2.15, 16.20, 199, '中度污染'],
['HS01', 140.07, 208.95, 37.54, 82.01, 2.39, 9.360, 185, '中度污染'],
['SJZ01', 84.82, 153.55, 37.61, 70.87, 1.70, 14.00, 112, '轻度污染'],
['CZ01', 101.87, 146.70, 41.08, 74.14, 1.86, 10.96, 133, '轻度污染'],
['BD01', 71.02, 124.90, 32.03, 71.96, 1.97, 13.78, 95, '良'],
['LF01', 63.88, 111.02, 19.62, 60.25, 1.93, 11.95, 86, '良'],
['TS01', 66.33, 120.00, 35.72, 48.16, 2.05, 18.82, 89, '良'],
['QHD01', 30.39, 63.15, 27.47, 36.12, 1.13, 24.97, 56, '良'],
['ZJK01', 21.25, 43.75, 17.23, 24.52, 0.78, 35.38, 43, '优'],
['CD01', 16.25, 30.71, 5.05, 16.40, 0.60, 33.21, 30, '优']]
```

新的数据体是一个二维数组，每个元素代表一个监测站的记录，每条记录包括 8 个维度的数据，依次是监测站代码、$PM_{2.5}$、PM_{10}、SO_2、NO_2、CO 和 O_3 的观测值，计算得到的 AQI 及 AQI 类别。

9.3.2　图表制作

在 AirPollution_Parallel_Static/JS 目录下新建 parallel.js 脚本，用于制作平行坐标图。在配置项中，需要对标题组件、平行坐标系组件、平行坐标轴组件、视觉映射组件、数据系列组件进行配置，下面介绍配置方法。

1. 标题组件

标题组件用于设置平行坐标图主、副标题的内容和样式，代码如下：

```
title: {
  text: '空气质量指数平行坐标图',
  textStyle: {
    color: 'lightgray',
    fontSize: 28
  },
  subtext: '\n 监测时间：2018 年 1 月 1 日',
  show: true,
  subtextStyle: {
    color: 'lightgray',
    fontSize: 20,
  },
  left: 'center',
},
```

2. 平行坐标系组件

平行坐标系组件主要用于设置坐标轴的统一样式，代码如下：

```
parallel: {
  bottom: '15%',
  top: '30%',
  parallelAxisDefault: {            //设置坐标轴的统一样式
    nameLocation: 'end',            //坐标轴名称位于轴的尾部
    nameTextStyle: {
      color: 'lightgray',
      fontSize: 20
    },
    nameGap: 20,                    //坐标轴名称与轴线之间的距离为 20px
    splitNumber: 5,
    axisLine: {                     //坐标轴线的样式
      lineStyle: {
        color: 'lightgray'
      },
    },
    axisTick: {                     //坐标轴刻度的样式
      lineStyle: {
        color: 'lightgray'
```

```
      }
    },
    axisLabel: {              //坐标轴标签的样式
      color: 'lightgray',
      fontSize: 18
    }
  }
},
```

3. 平行坐标轴组件

平行坐标轴组件用于分别设置每条坐标轴的内容和样式,代码如下:

```
parallelAxis: [
    {                        //第一条坐标轴展示 AQI
      dim: 7,                //对应数据体的第八列
      name: 'AQI',           //坐标轴名称
      min: 0,                //坐标轴刻度的最小值
      max: 250               //坐标轴刻度的最大值
    },
    {                        //第二条坐标轴展示 PM2.5 浓度
      dim: 1,                //对应数据体中第二列
      name: 'PM2.5',
      min: 0,
      max: 200
    },
    {                        //第三条坐标轴展示 PM10 浓度
      dim: 2,                //对应数据体的第三列
      name: 'PM10',
      min: 0,
      max: 300
    },
    {                        //第四条坐标轴展示 SO2 浓度
      dim: 3,                //对应数据体的第四列
      name: 'SO2',
      min: 0,
      max: 60
    },
    {                        //第五条坐标轴展示 NO2 浓度
      dim: 4,                //对应数据体的第五列
      name: 'NO2',
      min: 0,
      max: 100
    },
    {                        //第六条坐标轴展示 CO 浓度
      dim: 5,                //对应数据体的第六列
      name: 'CO',
      min: 0,
      max: 3
    },
    {                        //第七条坐标轴展示 O3 浓度
```

```
      dim: 6,                              //对应数据体的第七列
      name: 'O3',
      min: 0,
      max: 40
    },
    {                                      //第八条坐标轴展示 AQI 类别
      dim: 8,                              //对应数据体的第八列
      type: 'category',                    //坐标轴类型为类目轴
      name: 'AQI 类别',
      data: ['优', '良', '轻度污染', '中度污染', '重度污染', '严重污染']
    }
  ],
```

4. 视觉映射组件

视觉映射组件用于将 AQI 类别映射为颜色，代码如下：

```
visualMap: {
  type: 'piecewise',                       //使用分段型视觉映射组件
  dimension: 7,                            //AQI 类别位于数据体的第八列
  pieces: [                                //定义不同 AQI 类别的颜色
    {min: 0, max: 50, color: 'lime'},
    {min: 51, max: 100, color: 'yellow'},
    {min: 101, max: 150, color: 'orange'},
    {min: 151, max: 200, color: 'red'},
    {min: 201, max: 300, color: 'purple'},
    {min: 300, color: 'brown'}
  ],
  orient: 'horizontal',
  left: 'center',
  bottom: 'bottom',
  itemWidth: 25,
  itemHeight: 25,
  text: ['AQI High', 'AQI Low'],
  textStyle: {
    color: 'lightgray',
    fontSize: 18
  }
},
```

5. 数据系列组件

在本例中，需要对数据系列组件的名称、图表类型、折线样式、数据等属性进行设置，代码如下：

```
series: [
    {
      name: 'AQI 类别',
      type: 'parallel',                    //图表类型为平行坐标系
      lineStyle: {                         //折线的样式
        width: 3,
        opacity: 0.7
```

```
        },
        smooth: true,                          //对折线进行平滑
        data: [                                //数据体
            ['HD01', 89.36, 174.41, 50.07, 69.11, 2.13, 14.87, 117, '轻度污染'],
            ['XT01', 149.95, 232.85, 38.91, 79.85, 2.15, 16.20, 199, '中度污染'],
            ['HS01', 140.07, 208.95, 37.54, 82.01, 2.39, 9.360, 185, '中度污染'],
            ['SJZ01', 84.82, 153.55, 37.61, 70.87, 1.70, 14.00, 112, '轻度污染'],
            ['CZ01', 101.87, 146.70, 41.08, 74.14, 1.86, 10.96, 133, '轻度污染'],
            ['BD01', 71.02, 124.90, 32.03, 71.96, 1.97, 13.78, 95, '良'],
            ['LF01', 63.88, 111.02, 19.62, 60.25, 1.93, 11.95, 86, '良'],
            ['TS01', 66.33, 120.00, 35.72, 48.16, 2.05, 18.82, 89, '良'],
            ['QHD01', 30.39, 63.15, 27.47, 36.12, 1.13, 24.97, 56, '良'],
            ['ZJK01', 21.25, 43.75, 17.23, 24.52, 0.78, 35.38, 43, '优'],
            ['CD01', 16.25, 30.71, 5.05, 16.40, 0.60, 33.21, 30, '优']
        ]
    },
],
```

9.3.3　图表展示

使用浏览器打开 index.html，查看平行坐标图的显示效果，如图 9.2 所示。

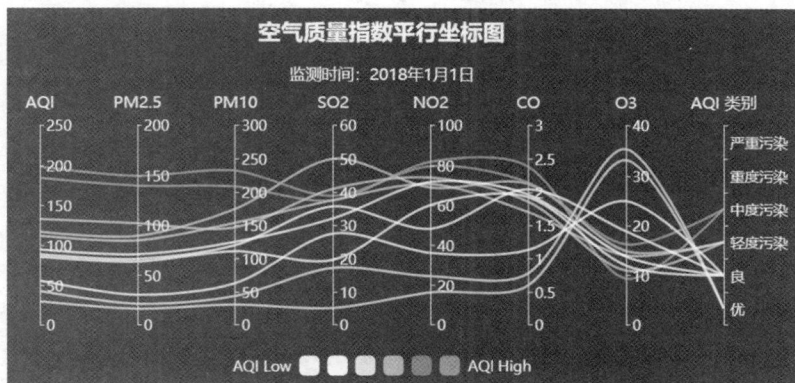

图 9.2　静态平行坐标图

9.4　动态平行坐标图

动态平行坐标图可在动态折线图的基础上改造而成，改造过程包括准备工作、图表制作、图表展示 3 个阶段，下面分别介绍各阶段的具体工作。

9.4.1　准备工作

在本地复制一份动态折线图的项目文件夹，更名为 AirPollution_Parallel_Dynamic，作为项目根目录。

扫一扫

看彩图

扫一扫

视频讲解

9.4.2 图表制作

1. 数据转换

数据转换包括以下 4 个环节：①编写 AQI 计算模块；②组装 JSON 字符串；③发布 JSON 数据接口；④测试 JSON 数据接口。下面分别介绍各环节的具体工作。

1) 编写 AQI 计算模块

参考《环境空气质量指数（AQI）技术规定（试行）》（HJ 633—2012），AQI 的计算过程分两步：一是计算每类污染物的空气质量分指数（IAQI），二是从 IAQI 中取最大值，得到 AQI。该功能通过一个自定义的 Python 模块实现。在项目根目录下新建名为 aqi.py 的 Python 脚本，在其中定义 9 个函数，用于计算 IAQI 和 AQI，如表 9.5 所示。

表 9.5　aqi.py 中的自定义函数

函 数 名 称	说　　　明
cal_iaqi(iaqi_h, iaqi_l, bp_h, bp_l, c_p)	参数： iaqi_h：标准中与 bp_h 对应的空气质量分指数 iaqi_l：标准中与 bp_l 对应的空气质量分指数 bp_h：标准中与 c_p 相近的污染物浓度限值的高位值 bp_l：标准中与 c_p 相近的污染物浓度限值的低位值 c_p：污染物的浓度值 返回值：空气质量分指数 IAQI
get_iaqi_pm25(value)	参数：$PM_{2.5}$ 浓度值 返回值：$PM_{2.5}$ 对应的空气质量分指数
get_iaqi_pm10(value)	参数：PM_{10} 浓度值 返回值：PM_{10} 对应的空气质量分指数
get_iaqi_so2(value)	参数：SO_2 浓度值 返回值：SO_2 对应的空气质量分指数
get_iaqi_no2(value)	参数：NO_2 浓度值 返回值：NO_2 对应的空气质量分指数
get_iaqi_co(value)	参数：CO 浓度值 返回值：CO 对应的空气质量分指数
get_iaqi_o3(value)	参数：O_3 浓度值 返回值：O_3 对应的空气质量分指数
get_aqi(iaqis)	参数：空气质量分指数列表 返回值：空气质量指数
get_aqi_class(aqi)	参数：空气质量指数 返回值：空气质量指数类别

aqi.py 的完整内容如下：

```
def cal_iaqi(iaqi_h, iaqi_l, bp_h, bp_l, c_p):          #空气质量分指数计算公式
    iaqi = (iaqi_h - iaqi_l) / (bp_h - bp_l) * (c_p - bp_l) + iaqi_l
    return int(iaqi)
```

```python
def get_iaqi_pm25(value):              #返回 PM2.5 浓度对应的空气质量分指数
    if 0 <= value < 36:
        iaqi = cal_iaqi(50, 0, 35, 0, value)
    elif 36 <= value < 75:
        iaqi = cal_iaqi(100, 50, 75, 35, value)
    elif 75 <= value < 115:
        iaqi = cal_iaqi(150, 100, 115, 75, value)
    elif 115 <= value < 150:
        iaqi = cal_iaqi(200, 150, 150, 115, value)
    elif 150 <= value < 250:
        iaqi = cal_iaqi(300, 200, 250, 150, value)
    elif 250 <= value < 350:
        iaqi = cal_iaqi(400, 300, 350, 250, value)
    elif 350 <= value < 500:
        iaqi = cal_iaqi(500, 400, 500, 350, value)
    return iaqi
def get_iaqi_pm10(value):              #返回 PM10 浓度对应的空气质量分指数
    if 0 <= value < 50:
        iaqi = cal_iaqi(50, 0, 50, 0, value)
    elif 50 <= value < 150:
        iaqi = cal_iaqi(100, 50, 150, 50, value)
    elif 150 <= value < 250:
        iaqi = cal_iaqi(150, 100, 250, 150, value)
    elif 250 <= value < 350:
        iaqi = cal_iaqi(200, 150, 350, 250, value)
    elif 350 <= value < 420:
        iaqi = cal_iaqi(300, 200, 420, 350, value)
    elif 420 <= value < 500:
        iaqi = cal_iaqi(400, 300, 500, 420, value)
    elif 500 <= value < 600:
        iaqi = cal_iaqi(500, 400, 600, 500, value)
    return iaqi
def get_iaqi_so2(value):               #返回 SO2 浓度对应的空气质量分指数
    if 0 <= value < 50:
        iaqi = cal_iaqi(50, 0, 50, 0, value)
    elif 50 <= value < 150:
        iaqi = cal_iaqi(100, 50, 150, 50, value)
    elif 150 <= value < 475:
        iaqi = cal_iaqi(150, 100, 475, 150, value)
    elif 475 <= value < 800:
        iaqi = cal_iaqi(200, 150, 800, 475, value)
    elif 800 <= value < 1600:
        iaqi = cal_iaqi(300, 200, 1600, 800, value)
    elif 1600 <= value < 2100:
        iaqi = cal_iaqi(400, 300, 2100, 1600, value)
    elif 2100 <= value < 2620:
        iaqi = cal_iaqi(500, 400, 2620, 2100, value)
    return iaqi
def get_iaqi_no2(value):               #返回 NO2 浓度对应的空气质量分指数
    if 0 <= value < 40:
```

```python
        iaqi = cal_iaqi(50, 0, 40, 0, value)
    elif 40 <= value < 80:
        iaqi = cal_iaqi(100, 50, 80, 40, value)
    elif 80 <= value < 180:
        iaqi = cal_iaqi(150, 100, 180, 80, value)
    elif 180 <= value < 280:
        iaqi = cal_iaqi(200, 150, 280, 180, value)
    elif 280 <= value < 565:
        iaqi = cal_iaqi(300, 200, 565, 280, value)
    elif 565 <= value < 750:
        iaqi = cal_iaqi(400, 300, 750, 565, value)
    elif 750 <= value < 940:
        iaqi = cal_iaqi(500, 400, 940, 750, value)
    return iaqi
def get_iaqi_co(value):                    #返回 CO 浓度对应的空气质量分指数
    if 0 <= value < 2:
        iaqi = cal_iaqi(50, 0, 2, 0, value)
    elif 2 <= value < 4:
        iaqi = cal_iaqi(100, 50, 4, 2, value)
    elif 4 <= value < 14:
        iaqi = cal_iaqi(150, 100, 14, 4, value)
    elif 14 <= value < 24:
        iaqi = cal_iaqi(200, 150, 24, 14, value)
    elif 24 <= value < 36:
        iaqi = cal_iaqi(300, 200, 36, 24, value)
    elif 36 <= value < 48:
        iaqi = cal_iaqi(400, 300, 48, 36, value)
    elif 48 <= value < 60:
        iaqi = cal_iaqi(500, 400, 60, 48, value)
    return iaqi
def get_iaqi_o3(value):                    #返回 O3 浓度对应的空气质量分指数
    if 0 <= value < 100:
        iaqi = cal_iaqi(50, 0, 100, 0, value)
    elif 100 <= value < 160:
        iaqi = cal_iaqi(100, 50, 160, 100, value)
    elif 160 <= value < 215:
        iaqi = cal_iaqi(150, 100, 215, 160, value)
    elif 215 <= value < 265:
        iaqi = cal_iaqi(200, 150, 265, 215, value)
    elif 265 <= value < 800:
        iaqi = cal_iaqi(300, 200, 800, 265, value)
    return iaqi
def get_aqi(iaqis):                        #由空气质量分指数得到空气质量指数
    iaqi_pm25 = get_iaqi_pm25(iaqis[0])
    iaqi_pm10 = get_iaqi_pm10(iaqis[1])
    iaqi_so2 = get_iaqi_so2(iaqis[2])
    iaqi_no2 = get_iaqi_no2(iaqis[3])
    iaqi_co = get_iaqi_co(iaqis[4])
    iaqi_o3 = get_iaqi_o3(iaqis[5])
    aqi = max(iaqi_pm25, iaqi_pm10, iaqi_so2, iaqi_no2, iaqi_co, iaqi_o3)
```

```
        return aqi
    def get_aqi_class(aqi) :                              #返回空气质量指数类别
        if 0 <= aqi <= 50 :
            aqi_class = '优'
        if 51 <= aqi <= 100 :
            aqi_class = '良'
        if 101 <= aqi <= 150 :
            aqi_class = '轻度污染'
        if 151 <= aqi <= 200 :
            aqi_class = '中度污染'
        if 201 <= aqi <= 300 :
            aqi_class = '重度污染'
        if aqi > 300 :
            aqi_class = '严重污染'
        return aqi_class
```

2）组装 JSON 字符串

对项目根目录下的 preprocess.py 脚本进行如下修改，在其中定义 getParallelJSON（）
函数，用于接收目标数据、计算 AQI、重新组装数据并返回 JSON 字符串。JSON 字符串的
结构形如"{"AQI": [['HD01', 89.36, 174.41, 50.07, 69.11, 2.13, 14.87, 117, '轻度污
染'],…]}"。修改后的 preprocess.py 内容如下：

```
from aqi import get_aqi, get_aqi_class
import json

def getParallelJSON(data):
    newData = []                                   #包含 AQI 及其类别的新数据体
    for station in data :
        lst = []                                   #每个监测站的观测记录
        for item in station :
            lst.append(item)
        aqi = get_aqi(lst[1:])                      #调用 get_aqi() 函数得到各监测站的 AQI
        aqi_class = get_aqi_class(aqi)              #得到各监测站的 AQI 类别
        lst.append(aqi)                            #将 AQI 加入观测记录
        lst.append(aqi_class)                      #将 AQI 类别加入观测记录
        newData.append(lst)                        #将每个监测站的观测记录加入新数据体
    dct = {}
    dct['AQI'] = newData
    return json.dumps(dct, ensure_ascii = False)
```

3）发布 JSON 数据接口

向 server.py 中添加视图函数 json_for_parallel（），在视图函数中构造 SQL 查询语句，
先调用 model.py 中的 getData（）函数执行查询，返回目标数据；再调用 preprocess.py 中的
getParallelJSON（）函数计算 AQI，得到新的目标数据，并将目标数据组装为 JSON 字符串；
最后，利用装饰器将 URL 规则/json_for_parallel 与该函数进行绑定。json_for_parallel（）
函数的定义如下：

```python
from flask import Flask, render_template
from model import getData
from preprocess import getParallelJSON

app = Flask(__name__)

@app.route('/')
def index():
    return render_template('index.html')

@app.route('/json_for_parallel')
def json_for_parallel():
    sql = '''
    SELECT
        station,pm25,pm10,so2,no2,co,o3
    FROM
        airpollution
    WHERE
        DATE(date) = '2018-01-01' AND
        (
        station = 'HD01' OR
        station = 'XT01' OR
        station = 'HS01' OR
        station = 'SZJ01' OR
        station = 'CZ01' OR
        station = 'BD01' OR
        station = 'LF01' OR
        station = 'TS01' OR
        station = 'QHD01' OR
        station = 'ZJK01' OR
        station = 'CD01'
        )
    '''
    return getParallelJSON(getData(sql))

if __name__ == '__main__':
    app.run()
```

4）测试 JSON 数据接口

启动 Flask 开发服务器，在浏览器中访问 URL"http://127.0.0.1:5000/json_for_parallel"，如果能够看到图 9.3 所示的页面，说明数据接口发布正常。

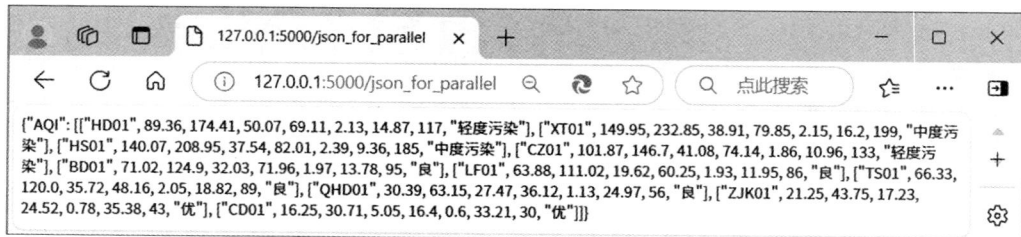

图 9.3　JSON 数据接口页面

2. 数据加载

在 static/JS 目录下新建 parallel.js 脚本,添加平行坐标图实例初始化语句及 ajax() 方法框架,代码如下:

```
let container = $("#parallel")[0]
let myParallel = echarts.init(container, null, {renderer: "svg"})
let data_parallel = []
$.ajax({
    url: '/json_for_parallel',
    method: 'GET',
    dataType: 'json',
    success: function (data) {
        data_parallel = data.AQI
        ...                    //省略部分代码
    },
    error: function (msg) {console.log(msg)}
})
...                    //省略部分代码
```

3. 数据渲染

在静态平行坐标图配置的基础上,将 series 组件的 data 属性值由常量修改为变量,即可得到动态平行坐标图的配置。parallel.js 的完整内容如下:

```
let container = $("#parallel")[0]
let myParallel = echarts.init(container, null, {renderer: "svg"})
let data_parallel = []
$.ajax({
    url: '/json_for_parallel',
    method: 'GET',
    dataType: 'json',
    success: function (data) {
        data_parallel = data.AQI
        let option = {
            title: {
                text: '空气质量指数平行坐标图',
                textStyle: {
                    color: 'lightgray',
                    fontSize: 28
                },
                subtext: '\n监测时间: 2018年1月1日',
                show: true,
                subtextStyle: {
                    color: 'lightgray',
                    fontSize: 20,
                },
                left: 'center',
            },
            parallel: {
                bottom: '15%',
                top: '30%',
```

```
parallelAxisDefault: {
    nameLocation: 'end',
    nameTextStyle: {
        color: 'lightgray',
        fontSize: 20
    },
    nameGap: 20,
    splitNumber: 5,
    axisLine: {
        lineStyle: {
            color: 'lightgray'
        },
    },
    axisTick: {
        lineStyle: {
            color: 'lightgray'
        }
    },
    axisLabel: {
        color: 'lightgray',
        fontSize: 18
    }
}
},
parallelAxis: [
    {
        dim: 7,
        name: 'AQI',
        min: 0,
        max: 250
    },
    {
        dim: 1,
        name: 'PM2.5',
        min: 0,
        max: 200
    },
    {
        dim: 2,
        name: 'PM10',
        min: 0,
        max: 300
    },
    {
        dim: 3,
        name: 'SO2',
        min: 0,
        max: 60
    },
    {
```

```
            dim: 4,
            name: 'NO2',
            min: 0,
            max: 100
        },
        {
            dim: 5,
            name: 'CO',
            min: 0,
            max: 3
        },
        {
            dim: 6,
            name: 'O3',
            min: 0,
            max: 40
        },
        {
            dim: 8,
            type: 'category',
            name: 'AQI 类别',
            data: ['优', '良', '轻度污染', '中度污染', '重度污染', '严重污染']
        }
    ],
    visualMap: {
        type: 'piecewise',
        dimension: 7,
        pieces: [
            {min: 0, max: 50, color: 'lime'},
            {min: 51, max: 100, color: 'yellow'},
            {min: 101, max: 150, color: 'orange'},
            {min: 151, max: 200, color: 'red'},
            {min: 201, max: 300, color: 'purple',
            {min: 300, color: 'brown'}
        ],
        orient: 'horizontal',
        left: 'center',
        bottom: 'bottom',
        itemWidth: 25,
        itemHeight: 25,
        text: ['AQI High', 'AQI Low'],
        textStyle: {
            color: 'lightgray',
            fontSize: 18
        }
    },
    series: [
```

```
                {
                    name: 'AQI 类别',
                    type: 'parallel',
                    lineStyle: {
                        width: 3,
                        opacity: 0.7
                    },
                    smooth: true,
                    data: data_parallel
                },
            ],
            tooltip: {
                show: true,
                formatter: '{a}: {b}'
            },
        }
        setTimeout(() =>{
            myParallel.setOption(option);
            myParallel.hideLoading();
        }, 1000)
    },
    error: function (msg) {
        console.log(msg)
    }
})
```

9.4.3 图表展示

运行 server.py，启动 Flask 开发服务器，在浏览器中访问 URL"http://127.0.0.1：5000/"，将看到图 9.4 所示的页面效果。

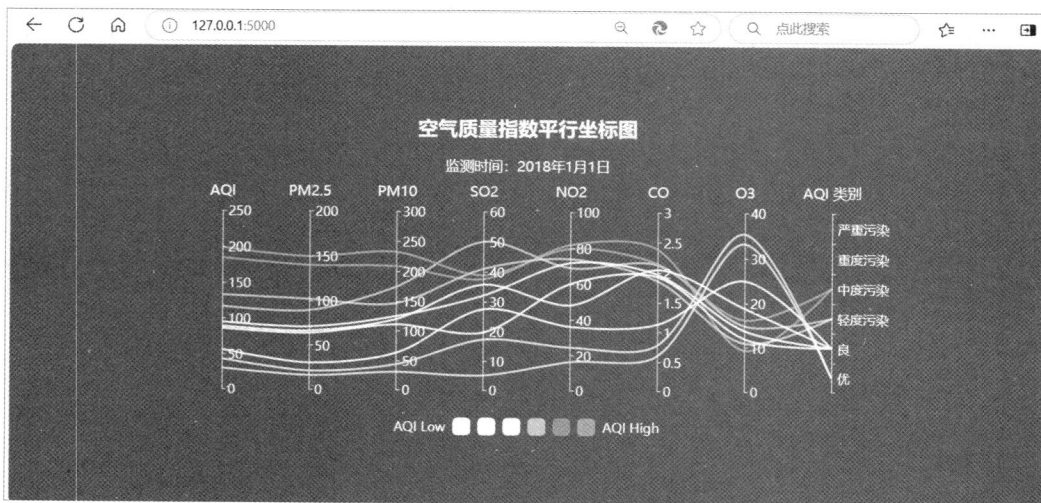

图 9.4 动态平行坐标图

扫一扫

看彩图

本章小结

　　本章以"空气质量指数平行坐标图"为例,详细介绍了使用 ECharts 平行坐标系对多维度数据进行可视化的方法。通过本章的学习,读者应了解平行坐标图的概念、特点和应用场景,了解 ECharts 平行坐标图的核心组件及常用属性,掌握 ECharts 平行坐标系、平行坐标轴组件的基本用法,掌握利用 Web 前端开发技术制作静态平行坐标图的方法,掌握综合利用 Web 前后端开发技术制作动态平行坐标图的方法,为开发基于 ECharts 平行坐标图的数据可视化应用程序奠定技术基础。

习题 9

扫一扫

习题

扫一扫

自测题

第  章

雷 达 图

学习目标

（1）了解雷达图的概念、特点和应用场景。

（2）了解 ECharts 雷达坐标系的常用属性。

（3）掌握 ECharts 雷达坐标系的基本用法。

（4）掌握利用 Web 前端开发技术制作静态雷达图的方法。

（5）掌握综合利用 Web 前后端开发技术制作动态雷达图的方法。

10.1　雷达图简介

雷达图又称网络图、蜘蛛网图，是一种适用于展示指标构成及次级指标之间权重分布的信息图表，经常应用于性能评估等场景中。雷达图上通常有 3 条以上坐标轴，这些坐标轴从共同的坐标原点向四周辐射，将外接圆周平均分成面积相等的几个扇形区域，形成了类似于雷达的图案。雷达图所围的面积能够反映综合指标的测度结果，而展布的形态则能够反映综合指标在各个次级指标上的权重分布，并有助于揭示占主导地位的次级指标。例如，在图 10.1所示的空气质量指数雷达图中，展示了 5 个监测站的空气质量指数（AQI）的构成情

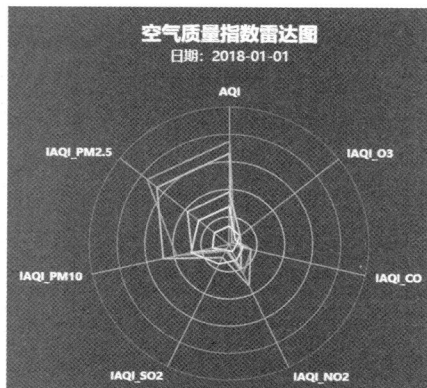

图 10.1　雷达图示例

况(空气质量指数为空气质量分指数的最大值),通过观察可以看出,在 6 个空气质量分指数(IAQI)之中,IAQI_PM$_{2.5}$ 对于 AQI 发挥着主导作用。

10.2 ECharts 雷达图核心组件

在 ECharts 中,雷达图的实现主要依赖数据系列(series)和雷达坐标系(radar)组件,下面分别介绍两个组件的用法。

10.2.1 数据系列组件

在 ECharts 中,将数据系列组件的 type 属性值设置为 radar,即可使用雷达图。ECharts 雷达图数据系列组件的常用属性如表 10.1 所示。

表 10.1 ECharts 雷达图数据系列组件的常用属性

属　　性	说　　明
type	取值为 radar 即可使用雷达图
symbol	标记的图形,取值为 none 时表示不使用标记
lineStyle	线条样式,包含若干子属性
data	数据体,结构形如"[{"name": "HRB01", "value": [225, 225, 115, 16, 71, 50, 16]}]"

10.2.2 雷达坐标系组件

雷达坐标系组件中提供了一系列属性,用于对雷达图的样式进行精细配置。雷达坐标系组件的常用属性如表 10.2 所示。

表 10.2 雷达坐标系组件的常用属性

属　　性	说　　明
center	圆心坐标,决定雷达图的位置,取值支持绝对值和百分比
radius	半径,决定坐标系的大小,取值支持绝对值和百分比
startAngle	坐标系的起始角度,即第一条坐标轴的角度
axisName	坐标轴名称的样式,包含若干子属性
axisLine	坐标轴线的样式,包含若干子属性
shape	坐标系的形状,取值为 polygon(多边形)或 circle(圆形)
splitNumber	坐标轴的分割段数
splitLine	坐标轴分隔线的样式,包含若干子属性
splitArea	是否显示分隔区域
indicator	指示器,用于设置坐标轴的名称和取值范围,取值示例: [{text: 'AQI', max: 300},{text: 'IAQI_PM2.5', max: 300}]

扫一扫
视频讲解

扫一扫

视频讲解

10.3 静态雷达图

本项目拟使用雷达图展示 2018 年 1 月 1 日 5 个监测站空气质量指数的构成情况,仍采用先静态后动态的顺序进行开发。本节主要介绍静态雷达图的制作方法。

10.3.1 准备工作

准备工作阶段主要包括 4 个环节:①创建项目目录结构;②准备 HTML 文档;③设置元素样式;④数据准备。下面介绍各环节的具体工作。

1. 创建项目目录结构

创建项目根目录 AirPollution_Radar_Static,并在根目录下分别创建 CSS 和 JS 目录,用于存放 CSS 文档和 JavaScript 脚本。将 ECharts 库文件 echarts.js 放在 JS 目录下。

2. 准备 HTML 文档

在项目根目录下新建 index.html 文档,作为项目主页,代码如下:

```html
<!DOCTYPE html>
<html lang="en">

<head>
  <meta charset="UTF-8">
  <meta http-equiv="X-UA-Compatible" content="IE=edge">
  <meta name="viewport" content="width=device-width, initial-scale=1.0">
  <script src="js/echarts.js"></script>
  <link rel="stylesheet" href="css/main.css">
  <title>空气质量指数雷达图</title>
</head>

<body>
  <div id="radar"></div>
  <script src="js/radar.js"></script>
</body>

</html>
```

3. 设置元素样式

在 AirPollution_Radar_Static/CSS 目录下新建 main.css 文档,代码如下:

```css
body{
    background-color: black;
}

#radar {
    position: absolute;
    left: 15%;
    top: 10%;
    width: 70%;
    height: 80%;
}
```

4. 数据准备

本项目需计算 5 个监测站的空气质量指数（AQI）及 6 个分指数（IAQI），计算方法与 9.3.1 节相同，计算结果如表 10.3 所示。

表 10.3　5 个监测站的空气质量指数及分指数

监测站	AQI	IAQI_PM$_{2.5}$	IAQI_PM$_{10}$	IAQI_SO$_2$	IAQI_NO$_2$	IAQI_CO	IAQI_O$_3$
LZ01	40	40	36	14	17	15	30
TY01	83	83	83	48	38	31	17
HK01	114	114	81	12	60	26	31
ZZ01	198	198	144	32	101	48	8
HRB01	225	225	115	16	71	50	16

按照雷达图数据系列组件 data 属性的要求，将计算结果整理为如下格式：

```
[{"name": "HRB01", "value": [225, 225, 115, 16, 71, 50, 16]},
 {"name": "ZZ01", "value": [198, 198, 144, 32, 101, 48, 8]},
 {"name": "LZ01", "value": [40, 40, 36, 14, 17, 15, 30]},
 {"name": "TY01", "value": [83, 83, 83, 48, 38, 31, 17]},
 {"name": "HK01", "value": [114, 114, 81, 12, 60, 26, 31]}]
```

数据体是一个数组，每个元素由 name 和 value 两个键值对组成。其中，name 为监测站代码；value 为观测记录，由空气质量指数（AQI）及 6 个分指数（IAQI）等 7 个维度的数据组成。

10.3.2　图表制作

在 AirPollution_Radar_Static/JS 目录下新建 radar.js 脚本用于制作雷达图。在配置项中，需要对标题组件、雷达坐标系组件、视觉映射组件、数据系列组件进行配置，下面介绍配置方法。

1. 标题组件

标题组件用于设置雷达图主、副标题的内容和样式，代码如下：

```
title: {
  text: '空气质量指数雷达图',
  textStyle: {
    fontSize: 28,
    color: 'ivory'
  },
  subtext: '日期: 2018-01-01',
  subtextStyle: {
    fontSize: 20,
    color: 'ivory'
  },
  left: 'center'
},
```

2. 雷达坐标系组件

雷达坐标系组件用于设置雷达图的样式，代码如下：

```
radar: [
{
    indicator: [                              //指示器,包含 AQI 和 IAQI 共 7 条坐标轴
      {text: 'AQI', max: 300},
      {text: 'IAQI_PM2.5', max: 300},
      {text: 'IAQI_PM10', max: 300},
      {text: 'IAQI_SO2', max: 300},
      {text: 'IAQI_NO2', max: 300},
      {text: 'IAQI_CO', max: 300},
      {text: 'IAQI_O3', max: 300}
    ],
    center: ['50%', '50%'],                   //圆心坐标
    radius: 200,                              //半径
    startAngle: 90,                           //第一条坐标轴的角度为 90°
    splitNumber: 5,                           //坐标轴分割为 5 段
    shape: 'circle',                          //坐标系呈圆形
    axisName: {                               //坐标轴名称的样式
      formatter: '{value}',
      color: 'ivory',
      fontSize: 16,
      fontWeight: 'bold'
    },
    splitLine: {                              //6 条分隔线的样式
      lineStyle: {
        color: [
          'rgba(254, 248, 239, 1)',
          'rgba(254, 248, 239, 0.8)',
          'rgba(254,248, 239, 0.6)',
          'rgba(254,248, 239, 0.4)',
          'rgba(254,248, 239, 0.2)',
          'rgba(254,248, 239, 0.1)'
        ]
      }
    },
    splitArea: {                              //隐藏分割区域
      show: false
    },
    axisLine: {                               //坐标轴线的样式
      lineStyle: {
        color: 'rgba(238, 197, 102, 0.5)'
      }
    }
  }
],
```

3. 视觉映射组件

视觉映射组件用于将 AQI 映射到不同的颜色，代码如下：

```
visualMap: {
  show: false,
  type: 'piecewise',
```

```
    dimension: 0,
    pieces: [
      {min: 0, max: 50, color: 'lime'},
      {min: 51, max: 100, color: '#fcce10'},
      {min: 101, max: 150, color: '#e87c25'},
      {min: 151, max: 200, color: 'red'},
      {min: 201, max: 300, color: 'purple'},
      {min: 301, color: 'brown'}
    ]
},
```

4. 数据系列组件

数据系列组件用于设置图表类型和数据体,代码如下:

```
series: [
  {
    type: 'radar',
    symbol: 'none',
    lineStyle: {
      width: 2
    },
    emphasis: {
      lineStyle: {
        width: 4
      }
    },
    data: [{"name": "HRB01", "value": [225, 225, 115, 16, 71, 50, 16]},
           {"name": "ZZ01", "value": [198, 198, 144, 32, 101, 48, 8]},
           {"name": "LZ01", "value": [40, 40, 36, 14, 17, 15, 30]},
           {"name": "TY01", "value": [83, 83, 83, 48, 38, 31, 17]},
           {"name": "HK01", "value": [114, 114, 81, 12, 60, 26, 31]}]
  }
]
```

10.3.3 图表展示

使用浏览器打开 index.html,查看雷达图的显示效果,如图 10.2 所示。

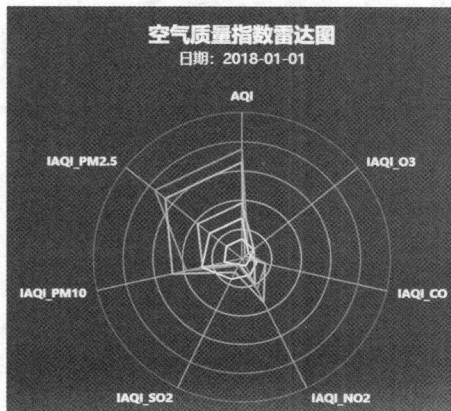

图 10.2 静态雷达图

10.4　动态雷达图

动态雷达图可在动态平行坐标图的基础上改造而成，改造过程包括准备工作、图表制作、图表展示 3 个阶段，下面分别介绍各阶段的具体工作。

10.4.1　准备工作

在本地复制一份动态平行坐标图的项目文件夹，更名为 AirPollution_Radar_Dynamic，作为项目根目录。

10.4.2　图表制作

1. 数据转换

数据转换包括以下 3 个环节：①组装 JSON 字符串；②发布 JSON 数据接口；③测试 JSON 数据接口。下面分别介绍各环节的具体工作。

1）组装 JSON 字符串

对项目根目录下的 preprocess.py 脚本进行如下修改：定义 getRadarJSON()函数，用于接收目标数据、组装并返回 JSON 字符串。JSON 字符串的数据结构形如｛"name"："LZ01"，"value"：[40，40，36，14，17，15，30]｝。修改后的 preprocess.py 内容如下：

```
from aqi import get_iaqi_pm25, get_iaqi_pm10, get_iaqi_so2, get_iaqi_no2, get_
iaqi_co, get_iaqi_o3, get_aqi
import json

def getRadarJSON(data):
    returnDct = {}
    lst = []
    for station in data:
        dct = {}
        value_pm25 = station[1]
        value_pm10 = station[2]
        value_so2 = station[3]
        value_no2 = station[4]
        value_co = station[5]
        value_o3 = station[6]
        iaqi_pm25 = get_iaqi_pm25(value_pm25)
        iaqi_pm10 = get_iaqi_pm10(value_pm10)
        iaqi_so2 = get_iaqi_so2(value_so2)
        iaqi_no2 = get_iaqi_no2(value_no2)
        iaqi_co = get_iaqi_co(value_co)
        iaqi_o3 = get_iaqi_o3(value_o3)
        aqi = get_aqi(station[1:])
        dct['name'] = station[0]
        dct['value'] = [aqi, iaqi_pm25, iaqi_pm10, iaqi_so2, iaqi_no2, iaqi_co,
        iaqi_o3]
        lst.append(dct)
    returnDct['radar'] = lst
    return json.dumps(returnDct, ensure_ascii = False)
```

2）发布 JSON 数据接口

向 server.py 中添加视图函数 json_for_radar()，在视图函数中构造 SQL 查询语句，先调用 model.py 中的 getData()函数，执行查询、返回目标数据；再调用 preprocess.py 中的 getRadarJSON()函数将目标数据组装为 JSON 字符串；最后，利用装饰器将 URL 规则 /json_for_radar 与该函数进行绑定。json_for_radar()函数的定义如下：

```python
@app.route('/json_for_radar')
def json_for_radar():
    sql = '''
    SELECT station,pm25,pm10,so2,no2,co,o3
    FROM
    airpollution
    WHERE(station = 'HK01'
    OR station = 'ZZ01'
    OR station = 'LZ01'
    OR station = 'TY01'
    OR station = 'HRB01')
    AND date = '2018-01-01 00:00:00'
    '''
    return getRadarJSON(getData(sql))
```

3）测试 JSON 数据接口

启动 Flask 开发服务器。在浏览器中访问 URL"http://127.0.0.1:5000/json_for_radar"，如果能够看到图 10.3 所示的页面，说明数据接口发布正常。

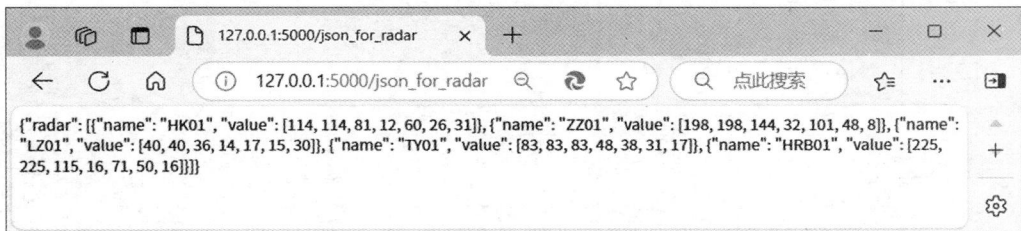

图 10.3 JSON 数据接口页面

2. 数据加载

在 static/JS 目录下新建 radar.js 脚本，添加雷达图实例初始化语句及 ajax()方法框架，代码如下：

```javascript
let container = $("#radar")[0]
let myRadar = echarts.init(container, null, {renderer: "svg"})
let data_radar = []
$.ajax({
    url: '/json_for_radar',
    method: 'GET',
    dataType: 'json',
    success: function (data) {
        data_radar = data.radar
```

```
        ...          //省略部分代码
    },
    error: function (msg) {console.log(msg) }
})
...              //省略部分代码
```

3. 数据渲染

在静态雷达图配置的基础上将 series 组件的 data 属性值由常量修改为变量,即可得到动态雷达图的配置。radar.js 的完整内容如下:

```
let container = $("#radar")[0]
let myRadar = echarts.init(container, null, {renderer: "svg"})
let data_radar = []
$.ajax({
    url: '/json_for_radar',
    method: 'GET',
    dataType: 'json',
    success: function (data) {
        data_radar = data.radar
        let rdOption = {
            title: {
                text: '空气质量指数雷达图',
                textStyle: {
                    fontSize: 28,
                    color: 'ivory'
                },
                subtext: '日期: 2018-01-01',
                subtextStyle: {
                    fontSize: 20,
                    color: 'ivory'
                },
                left: 'center'
            },
            radar: [
                {
                    indicator: [
                        {text: 'AQI', max: 300},
                        {text: 'IAQI_PM2.5', max: 300},
                        {text: 'IAQI_PM10', max: 300},
                        {text: 'IAQI_SO2', max: 300},
                        {text: 'IAQI_NO2', max: 300},
                        {text: 'IAQI_CO', max: 300},
                        {text: 'IAQI_O3', max: 300}
                    ],
                    center: ['50%', '50%'],
                    radius: 200,
                    startAngle: 90,
                    splitNumber: 5,
                    shape: 'circle',
```

```
                axisName: {
                    formatter: '{value}',
                    color: 'ivory',
                    fontSize: 16,
                    fontWeight: 'bold'
                },
                splitLine: {
                    lineStyle: {
                        color: [
                            'rgba(254, 248, 239, 1)',
                            'rgba(254, 248, 239, 0.8)',
                            'rgba(254,248, 239, 0.6)',
                            'rgba(254,248, 239, 0.4)',
                            'rgba(254,248, 239, 0.2)',
                            'rgba(254,248, 239, 0.1)'
                        ]
                    }
                },
                splitArea: {
                    show: false
                },
                axisLine: {
                    lineStyle: {
                        color: 'rgba(238, 197, 102, 0.5)'
                    }
                }
            }
        ],
        visualMap: {
            show: false,
            type: 'piecewise',
            dimension: 0,
            pieces: [
                {min: 0, max: 50, color: 'lime'},
                {min: 51, max: 100, color: '#fcce10'},
                {min: 101, max: 150, color: '#e87c25'},
                {min: 151, max: 200, color: 'red'},
                {min: 201, max: 300, color: 'purple'},
                {min: 301, color: 'brown'}
            ]
        },
        series: [
            {
                type: 'radar',
                symbol: 'none',
                lineStyle: {
                    width: 2
                },
                emphasis: {
                    lineStyle: {
```

```
                    width: 4
                }
            },
            data: data_radar
        }
    ]
}
setTimeout(() => {
    myRadar.setOption(rdOption);
    myRadar.hideLoading();
}, 1000)
},
error: function (msg) {
    console.log(msg)
}
})
```

10.4.3 图表展示

运行 server.py，启动 Flask 开发服务器。在浏览器中访问 URL"http://127.0.0.1：5000/"，将看到图 10.4 所示的页面效果。

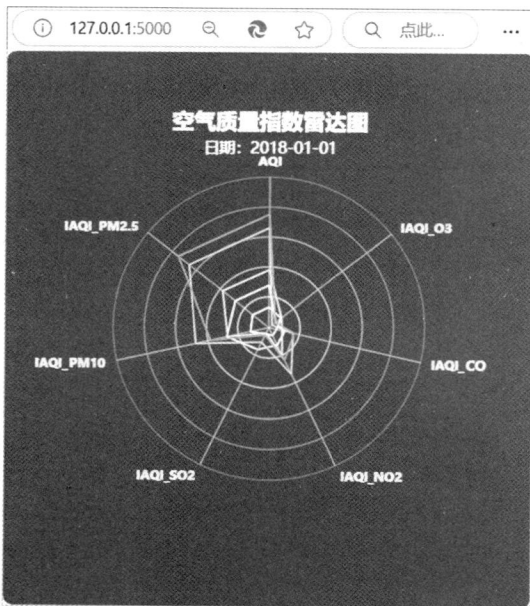

图 10.4 动态雷达图

本章小结

本章以"空气质量指数雷达图"为例，详细介绍了利用 ECharts 雷达图对数据进行可视化的方法。通过本章的学习，读者应了解雷达图的概念、特点和应用场景，了解 ECharts 雷达坐标系的常用属性，掌握 ECharts 雷达坐标系的基本用法，掌握利用 Web 前端开发技术制作静态雷达图的方法,掌握综合利用 Web 前后端开发技术制作动态雷达图的方法,为开发基于 ECharts 雷达图的数据可视化应用程序奠定技术基础。

习题 10

扫一扫

习题

扫一扫

自测题

第 **11** 章

饼 图

学习目标

（1）了解饼图的概念、特点和应用场景。

（2）了解 ECharts 饼图的常用属性。

（3）掌握标签内容格式器、富文本样式的基本用法。

（4）掌握利用 Web 前端开发技术制作静态饼图的方法。

（5）掌握综合利用 Web 前后端开发技术制作动态饼图的方法。

11.1 饼图简介

饼图是一种常用的统计图表，主要用于展示部分占总体的比重，总体通常用一个圆形区域表示，因其形似圆饼，故称"饼图"。例如，图 11.1(a)展示的就是一张经典的饼图，总体的圆形区域代表 34 个监测站，扇形区域代表空气质量指数类别占总体的比重。在数据可视化的实践中，饼图还有一些其他的形态，常见的有环形图［见图 11.1(b)］和南丁格尔玫瑰图

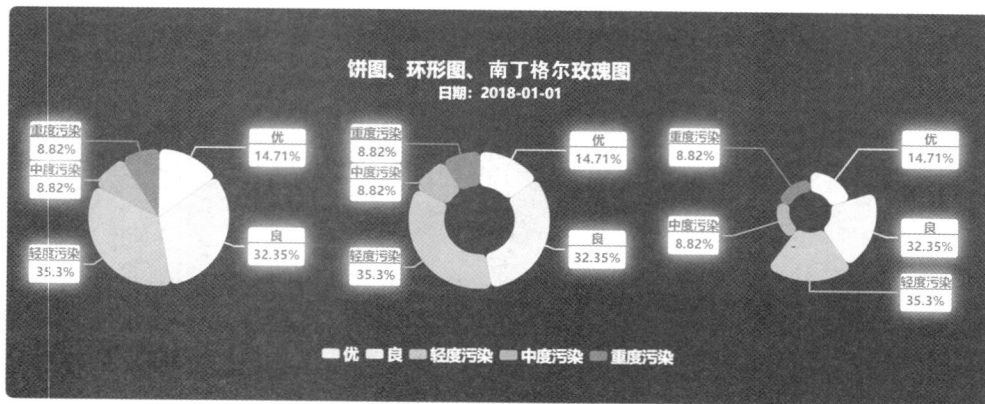

　　　　(a) 经典饼图　　　　　　　　(b) 环形图　　　　　　(c) 南丁格尔玫瑰图

图 11.1　饼图的三种常见形态

[见图 11.1(c)]。在表达比重时,饼图支持圆心角或半径两种模式,例如,图 11.1(a)和图 11.1(b)使用的是圆心角模式,即各扇区的半径相同而圆心角不同;图 11.1(c)使用的则是半径模式,各扇区的圆心角相同而半径不同。

11.2　ECharts 饼图常用属性

在 ECharts 中,将数据系列组件的 type 属性值设置为 pie,即可使用饼图。series 组件中提供了一些属性,用于对饼图的样式进行精细配置,其中比较常用的属性如表 11.1 所示。

表 11.1　ECharts 饼图数据系列组件常用的属性

属　　　性	说　　　明
center	圆心坐标,决定饼图的位置,取值支持绝对值和百分比
radius	饼图半径,决定饼图的大小,取值支持绝对值和百分比
roseType	是否使用南丁格尔玫瑰图,取值可选 radius(半径模式)或 area(圆心角模式)
encode	设置数据维度与组件的关联关系,包含若干子属性
encode.value	将数据维度与扇区进行关联,设置为[1]时,根据数据体中 value 值的第二列数据划分扇区
itemStyle	扇区的样式,包含若干子属性
itemStyle.borderRadius	扇区内外圆角的半径,取值支持绝对值和百分比
label	扇区的文本标签,包含若干子属性
label.alignTo	标签的对齐方式,取值可选 none(引导线的长度为固定值)、labelLine(引导线末端对齐)或 edge(标签末端对齐)
label.formatter	标签内容格式器,支持字符串模板和回调函数两种形式
label.rich	在标签中自定义富文本样式,包括若干子属性
data	数据体,结构形如[{name：'优', value：[0, 5]}]

在这些常用属性中,label.formatter 属性用于对标签文本内容进行格式化,支持字符串模板和回调函数两种形式。字符串模板中可以使用 6 个模板变量,如表 11.2 所示。

表 11.2　字符串模板中可以使用的模板变量

模 板 变 量	说　　　明
{a}	系列名,即数据系列组件的 name 属性值
{b}	数据名,即数据系列组件 data 属性值中 name 键值对的值
{c}	数据值,即数据系列组件 data 属性值中 value 键值对的值
{d}	百分比,自动计算得到
{@×××}	数据系列组件 data 属性值中名为×××维度的值
{@[n]}	数据系列组件 data 属性值中第 n 个维度的值(从 0 开始计数)

扫一扫

视频讲解

11.3 静态饼图

本项目拟使用饼图展示 34 个监测站空气质量指数的分类占比，仍采用先静态后动态的顺序介绍开发过程，本节主要介绍静态饼图的制作方法。

11.3.1 准备工作

准备工作阶段主要包括 4 个环节：①创建项目目录结构；②准备 HTML 文档；③设置元素样式；④数据准备。下面介绍各环节的具体工作。

1. 创建项目目录结构

创建项目根目录 AirPollution_Pie_Static，并在根目录下分别创建 CSS 和 JS 目录，用于存放 CSS 文档和 JavaScript 脚本。将 ECharts 库文件 echarts.js 放在 JS 目录下。

2. 准备 HTML 文档

在项目根目录下新建 index.html 文档，作为项目主页，代码如下：

```html
<!DOCTYPE html>
<html lang="en">

<head>
  <meta charset="UTF-8">
  <meta http-equiv="X-UA-Compatible" content="IE=edge">
  <meta name="viewport" content="width=device-width, initial-scale=1.0">
  <script src="js/echarts.js"></script>
  <link rel="stylesheet" href="css/main.css">
  <title>空气质量指数分类占比饼图</title>
</head>

<body>
  <div id="pie"></div>
  <script src="js/pie.js"></script>
</body>

</html>
```

3. 设置元素样式

在 AirPollution_Pie_Static/CSS 目录下新建 main.css 文档，代码如下：

```css
body{
    background-color: black;
}

#pie {
    position: absolute;
    left: 15%;
    top: 10%;
    width: 70%;
    height: 80%;
}
```

4. 数据准备

本例拟展示 2018 年 1 月 1 日 34 个监测站空气质量指数的分类占比情况,需要先通过计算得到各监测站的 AQI 及其所属类别,再对各类别的数量进行汇总。AQI 的计算方法与 9.3.1 节相同,计算结果如表 11.3 所示,分类汇总结果如表 11.4 所示。

表 11.3　34 个监测站的空气质量指数及其所属类别

编号	监测站代码	AQI	AQI 类别
1	HI01	68	良
2	NN01	109	轻度污染
3	MO01	108	轻度污染
4	HK01	114	轻度污染
5	GZ01	102	轻度污染
6	KM01	33	优
7	TB01	34	优
8	GY01	48	优
9	FZ01	87	良
10	CS01	98	良
11	NC01	98	良
12	CQ01	94	良
13	LS01	38	优
14	CH01	142	轻度污染
15	WH01	103	轻度污染
16	HZ01	141	轻度污染
17	SH01	157	中度污染
18	HF01	145	轻度污染
19	NJ01	275	重度污染
20	XA01	238	重度污染
21	ZZ01	198	中度污染
22	LZ01	40	优
23	XN01	99	良
24	JN01	155	中度污染
25	TY01	83	良
26	SJZ01	112	轻度污染
27	YI01	107	轻度污染
28	TJ01	98	良

续表

编号	监测站代码	AQI	AQI 类别
29	BJ01	78	良
30	HHHT01	76	良
31	SY01	97	良
32	WLMQ01	122	轻度污染
33	CC01	133	轻度污染
34	HRB01	225	重度污染

表 11.4　34 个监测站的空气质量指数分类汇总结果

AQI 类别	数量/个	比重/%
优	5	14.71
良	11	32.35
轻度污染	12	35.30
中度污染	3	8.82
重度污染	3	8.82

按照饼图数据系列组件 data 属性的要求，将计算结果整理为如下格式：

```
[{name: '优', value: [0, 5]},
{name: '良', value: [51, 11]},
{name: '轻度污染', value: [101, 12]},
{name: '中度污染', value: [151, 3]},
{name: '重度污染', value: [201, 3]}]
```

数据体是一个数组。每个数组元素由 name 和 value 两个键值对组成。其中，name 为 AQI 类别；value 为统计结果。

11.3.2　图表制作

在 AirPollution_Pie_Static/JS 目录下新建 pie.js 脚本用于制作饼图。在配置项中，需要对标题组件、图例组件、视觉映射组件、数据系列组件进行配置，下面介绍配置方法。

1. 标题组件

标题组件用于设置饼图主、副标题的内容和样式，代码如下：

```
title: {
    text: '空气质量指数分类占比饼图',
    textStyle: {
      fontSize: 28,
      color: 'ivory'
    },
    subtext: '日期: 2018-01-01',
    subtextStyle: {
```

```
        fontSize: 20,
        color: 'ivory'
    },
    left: 'center'
},
```

2. 图例组件

图例组件用于表达 AQI 类别与扇区的对应关系,代码如下:

```
legend: {
    bottom: '15%',
    textStyle: {
        fontSize: 22,
        color: 'ivory'
    }
},
```

3. 视觉映射组件

视觉映射组件用于将 AQI 类别映射到不同的颜色,代码如下:

```
visualMap: {
    type: 'piecewise',
    dimension: 0,        //使用数据体中 value 值的第一列数据进行视觉映射
    pieces: [
        {min: 0, max: 50, color: 'lime'},
        {min: 51, max: 100, color: '#fcce10'},
        {min: 101, max: 150, color: '#e87c25'},
        {min: 151, max: 200, color: 'red'},
        {min: 201, max: 300, color: 'purple'},
        {min: 301, color: 'brown'}
    ],
    show: false
},
```

4. 数据系列组件

数据系列组件用于设置图表的类型、样式和数据体,代码如下:

```
series: [
    {
    name: '数量及占比',
    type: 'pie',                    //图表类型为饼图
    center: ['50%', '45%'],         //饼图的位置
    radius: [70, 150],              //饼图内外半径的大小
    roseType: 'area',               //使用圆心角模式的南丁格尔玫瑰图
    encode: {
        value: [1]                  //根据数据体中 value 值的第二列数据划分扇区
    },
    itemStyle: {                    //扇区的样式
        borderRadius: 8             //圆角的半径
    },
```

```
    label: {                         //标签的内容和样式
      alignTo: 'labelLine',          //对齐方式为引导线末端对齐
      backgroundColor: 'ivory',
      borderRadius: 4,
      shadowColor: 'lightgray',
      shadowBlur: 20,
      formatter: '{b|{b}}{abg|}\n{hr|}\n  {a|{a}: {@[1]}  }{d|{d}%}  ',
      rich: {                        //富文本样式
        a: {                         //系列名称的样式
          fontSize: 14,
          fontWeight: 'bold',
          lineHeight: 33
        },
        hr: {                        //水平分隔线的样式
          borderColor: 'black',
          width: '100%',
          borderWidth: 1,
          height: 0
        },
        b: {                         //数据名称的样式
          fontSize: 14,
          lineHeight: 22,
          align: 'center',
          fontWeight: 'bold'
        },
        d: {                         //百分比的样式
          fontSize: 14,
          fontWeight: 'bold',
          color: 'ivory',
          backgroundColor: 'black',
          padding: [3, 4],
          borderRadius: 4
        }
      }
    },
    data: [                          //数据体
      {name: '优', value: [0, 5]},
      {name: '良', value: [51, 11]},
      {name: '轻度污染', value: [101, 12]},
      {name: '中度污染', value: [151, 3]},
      {name: '重度污染', value: [201, 3]}
    ]
  }
]
```

11.3.3　图表展示

使用浏览器打开 index.html，查看饼图显示效果，如图 11.2 所示。

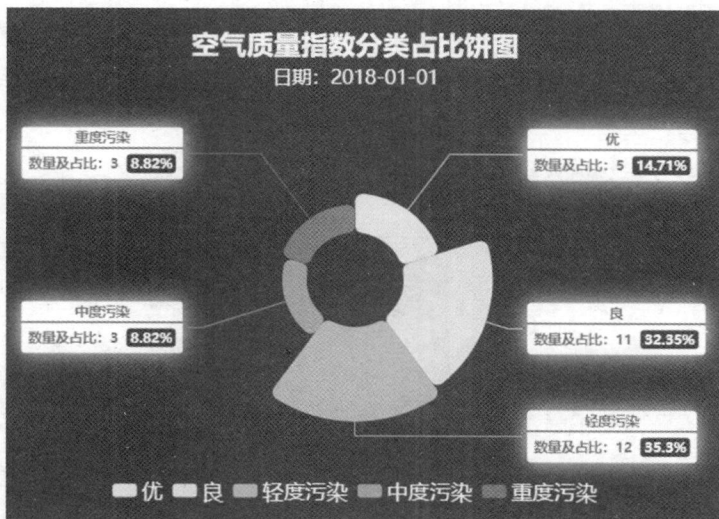

图 11.2　静态饼图

11.4　动态饼图

动态饼图可在动态雷达图的基础上改造而成,改造过程包括准备工作、图表制作、图表展示 3 个阶段,下面分别介绍各阶段的具体工作。

11.4.1　准备工作

在本地复制一份动态雷达图的项目文件夹,更名为 AirPollution_Pie_Dynamic,作为项目根目录。

11.4.2　图表制作

1. 数据转换

数据转换包括以下 3 个环节:①组装 JSON 字符串;②发布 JSON 数据接口;③测试 JSON 数据接口。下面分别介绍各环节的具体工作。

1)组装 JSON 字符串

对项目根目录下的 preprocess.py 脚本进行如下修改:定义 getPieJSON()函数,用于接收目标数据、组装并返回 JSON 字符串。JSON 字符串的结构形如 {name:'优', value:[0, 5]}。修改后的 preprocess.py 内容如下:

```
from aqi import get_aqi
import json


def getPieJSON(data):
    returnDct = {}
    count_A = 0
    count_B = 0
    count_C = 0
```

```
count_D = 0
count_E = 0
count_F = 0
for station in data :
    aqi = get_aqi(station[1:])
    if 0 <= aqi <= 50 :
        count_A += 1
    if 51 <= aqi <= 100 :
        count_B += 1
    if 101 <= aqi <= 150 :
        count_C += 1
    if 151 <= aqi <= 200 :
        count_D += 1
    if 201 <= aqi <= 300 :
        count_E += 1
    if aqi > 301 :
        count_F += 1
pieData = [{'name': '优', 'value': [0, count_A]},
            {'name': '良', 'value': [51, count_B]},
            {'name': '轻度污染', 'value': [101, count_C]},
            {'name': '中度污染', 'value': [151, count_D]},
            {'name': '重度污染', 'value': [201, count_E]}]
returnDct['pie'] = pieData
return json.dumps(returnDct, ensure_ascii = False)
```

2）发布 JSON 数据接口

向 server.py 中添加视图函数 json_for_pie()，在视图函数中构造 SQL 查询语句，先调用 model.py 中的 getData() 函数，执行查询、返回目标数据；再调用 preprocess.py 中的 getPieJSON() 函数，将目标数据组装为 JSON 字符串；最后，利用装饰器将 URL 规则/json_for_pie 与该函数进行绑定。json_for_pie() 函数的定义如下：

```
@app.route('/json_for_pie')
def json_for_pie():
    sql = '''
    SELECT station, pm25, pm10, so2, no2, co, o3
    FROM
    airpollution
    WHERE(station = 'HI01'
    OR station = 'NN01'
    OR station = 'MO01'
    OR station = 'HK01'
    OR station = 'GZ01'
    OR station = 'KM01'
    OR station = 'TB01'
    OR station = 'GY01'
    OR station = 'FZ01'
    OR station = 'CS01'
    OR station = 'NC01'
    OR station = 'CQ01'
```

```
    OR station = 'LS01'
    OR station = 'CH01'
    OR station = 'WH01'
    OR station = 'HZ01'
    OR station = 'SH01'
    OR station = 'HF01'
    OR station = 'NJ01'
    OR station = 'XA01'
    OR station = 'ZZ01'
    OR station = 'LZ01'
    OR station = 'XN01'
    OR station = 'JN01'
    OR station = 'TY01'
    OR station = 'SJZ01'
    OR station = 'YI01'
    OR station = 'TJ01'
    OR station = 'BJ01'
    OR station = 'HHHT01'
    OR station = 'SY01'
    OR station = 'WLMQ01'
    OR station = 'CC01'
    OR station = 'HRB01')
    AND date = '2018-01-01 00:00:00'
    '''
    return getPieJSON(getData(sql))
```

3）测试 JSON 数据接口

启动 Flask 开发服务器。在浏览器中访问 URL"http://127.0.0.1:5000/json_for_
pie"，如果能够看到图 11.3 所示的页面，说明数据接口发布正常。

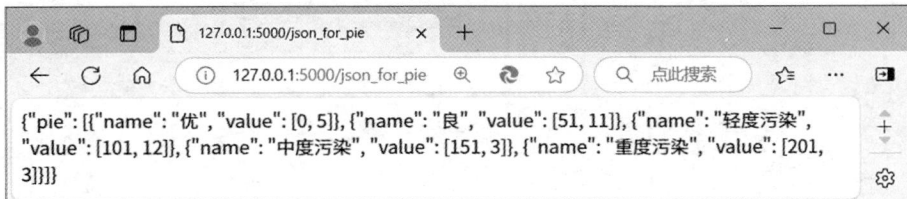

图 11.3　JSON 数据接口页面

2. 数据加载

在 static/JS 目录下新建 pie.js 脚本，添加饼图实例初始化语句及 ajax()方法框架，代码
如下：

```
let container = $("#pie")[0]
let myPie = echarts.init(container, null, {renderer: "svg"})
let data_pie = []
$.ajax({
    url: '/json_for_pie',
    method: 'GET',
    dataType: 'json',
```

```
    success: function (data) {
        data_pie = data.pie
        ...                 //省略部分代码
    },
    error: function (msg) {console.log(msg)}
})
...                         //省略部分代码
```

3. 数据渲染

在静态饼图配置的基础上,将 series 组件的 data 属性值由常量修改为变量,即可得到动态饼图的配置。pie.js 的完整内容如下:

```
let container = $("#pie")[0]
let myPie = echarts.init(container, null, {renderer: "svg"})
let data_pie = []
$.ajax({
    url: '/json_for_pie',
    method: 'GET',
    dataType: 'json',
    success: function (data) {
        data_pie = data.pie
        let pieOption = {
            title: {
                text: '空气质量指数分类占比饼图',
                textStyle: {
                    fontSize: 28,
                    color: 'ivory'
                },
                subtext: '日期: 2018-01-01',
                subtextStyle: {
                    fontSize: 20,
                    color: 'ivory'
                },
                left: 'center'
            },
            legend: {
                bottom: '15%',
                textStyle: {
                    fontSize: 22,
                    color: 'ivory'
                }
            },
            visualMap: {
                type: 'piecewise',
                dimension: 0,
                pieces: [
                    {min: 0, max: 50, color: 'lime'},
                    {min: 51, max: 100, color: '#fcce10'},
                    {min: 101, max: 150, color: '#e87c25'},
                    {min: 151, max: 200, color: 'red'},
```

```
                {min: 201, max: 300, color: 'purple'},
                {min: 301, color: 'brown'}
            ],
            show: false
    },
    series: [
        {
            name: '数量及占比',
            type: 'pie',
            center: ['50%', '45%'],
            radius: [70, 150],
            roseType: 'area',
            percentPrecision: 0,
            encode: {
                value: [1]
            },
            itemStyle: {
                borderRadius: 8
            },
            label: {
                alignTo: 'labelLine',
                backgroundColor: 'ivory',
                borderRadius: 4,
                shadowColor: 'lightgray',
                shadowBlur: 20,
                formatter: '{b|{b}}{abg|}\n{hr|}\n  {a|{a}:
                        {@[1]}  }{d|{d}%} ',
                rich: {
                    a: {
                        fontSize: 14,
                        fontWeight: 'bold',
                        lineHeight: 33
                    },
                    hr: {
                        borderColor: 'black',
                        width: '100%',
                        borderWidth: 1,
                        height: 0
                    },
                    b: {
                        fontSize: 14,
                        lineHeight: 22,
                        align: 'center',
                        fontWeight: 'bold'
                    },
                    d: {
                        fontSize: 14,
                        fontWeight: 'bold',
                        color: 'ivory',
                        backgroundColor: 'black',
```

```
                            padding: [3, 4],
                            borderRadius: 4
                        }
                    }
                },
                data: data_pie
            }
        ]
    }
    setTimeout(() =>{
        myPie.setOption(pieOption);
        myPie.hideLoading();
    }, 1000)
},
error: function (msg) {
    console.log(msg)
}
})
```

11.4.3 图表展示

运行 server.py，启动 Flask 开发服务器。在浏览器中访问 URL"http://127.0.0.1：5000/"，将看到图 11.4 所示的页面效果。

图 11.4 动态饼图

本章小结

本章以"空气质量指数分类占比饼图"为例，详细介绍了利用 ECharts 饼图对数据进行可视化的方法。通过本章的学习，读者应了解饼图的概念、特点和应用场景，了解 ECharts 饼图的常用属性，掌握标签内容格式器、富文本样式的基本用法，掌握利用 Web 前端开发技

术制作静态饼图的方法,掌握综合利用 Web 前后端开发技术制作动态饼图的方法,为开发
基于 ECharts 饼图的数据可视化应用程序奠定技术基础。

习题 11

扫一扫

习题

扫一扫

自测题

第 章

散 点 图

学习目标

(1) 了解散点图的概念、特点和应用场景。

(2) 了解 ECharts 三维散点图的核心组件。

(3) 掌握利用 Web 前端开发技术制作静态散点图的方法。

(4) 掌握综合利用 Web 前后端开发技术制作动态散点图的方法。

(5) 掌握利用 ECharts-GL 框架实现三维散点图的方法。

12.1 散点图与回归分析

散点图是在回归分析中常用的信息图表,主要用于展示因变量随自变量变化的趋势。根据这种趋势选择合适的函数对数据点进行拟合,从而确定变量之间定量关系的分析方法即回归分析,是统计机器学习中一种基本的方法。根据自变量数量的多少,可将回归分析分为一元回归分析和多元回归分析。在进行多元回归分析时,通常要考查因变量与多个自变量之间的关系,此时可借助散布矩阵同时呈现这些关系。例如,图 12.1(a)所示为展示空气质量指数与气象要素之间关系的散布矩阵。从图 12.1(a)中可以看出,严重污染事件的发生与风速、气温和气压等气象条件具有一定的相关性。另外,还可以借助三维散点图呈现因变量与两个自变量之间的关系。例如,图 12.1(b)所示为空气质量指数与风速的两个分量的绝对值之间的关系。从图 12.1(b)中可以看出,高风速对于大气污染具有一定的抑制作用。值得注意的是,散点图适用于呈现大规模数据集,样本的数量越多,变量之间的关系越显著。

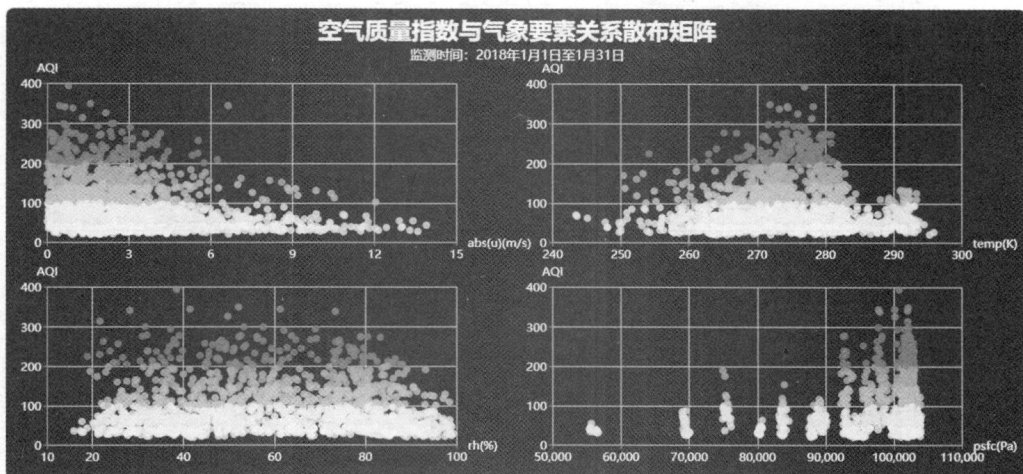

(a) 散布矩阵

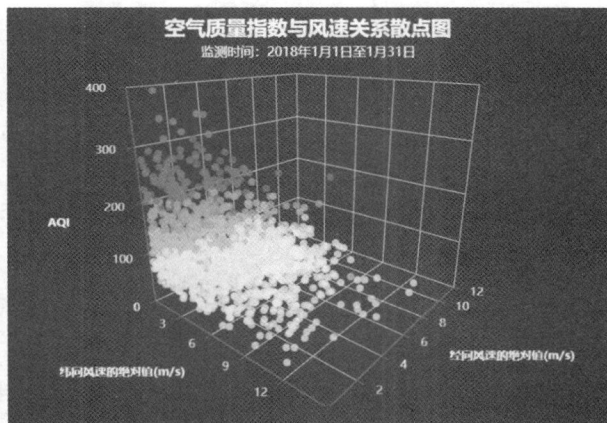

扫一扫

看彩图

(b) 三维散点图

图 12.1 散点图示例

12.2 ECharts 三维散点图

利用 ECharts 制作三维图表，还依赖于 ECharts-GL 框架。ECharts-GL 是 ECharts 的扩展包，用于支持大规模数据的三维可视化和 WebGL 渲染加速。ECharts-GL 提供了多种三维图表的 API，包括散点图、条形图、折线图、地图、曲面图、关系图、向量场等。制作三维散点图，需要先为项目引入 echarts-gl.js 库文件，再将数据系列组件的 type 属性值设置为 scatter3D，然后对核心组件进行配置。ECharts 三维散点图的核心组件如表 12.1 所示。

表 12.1 ECharts 三维散点图的核心组件

组 件	说 明
series	数据系列组件，需要将 type 属性值设置为 scatter3D
grid3D	三维笛卡儿坐标系组件

续表

组 件	说 明
xAxis3D	三维笛卡儿坐标系中的 x 轴
yAxis3D	三维笛卡儿坐标系中的 y 轴
zAxis3D	三维笛卡儿坐标系中的 z 轴

扫一扫

视频讲解

12.3 静态散点图

本项目拟使用散点图展示空气质量指数与气象要素之间的关系，采用先静态后动态、先二维后三维的顺序介绍开发过程。本节主要介绍静态散点图的制作方法。

12.3.1 准备工作

准备工作阶段主要包括如下 4 个环节：①创建项目目录结构；②准备 HTML 文档；③设置元素样式；④数据准备。下面介绍各环节的具体工作。

1. 创建项目目录结构

创建项目根目录 AirPollution_Scatter_Static，并在根目录下分别创建 CSS 和 JS 目录，用于存放 CSS 文档和 JavaScript 脚本。将 ECharts 库文件 echarts.js 放在 JS 目录下。

2. 准备 HTML 文档

在项目根目录下新建 index.html 文档，作为项目主页，代码如下：

```html
<!DOCTYPE html>
<html lang="en">
  <head>
    <meta charset="UTF-8" />
    <meta http-equiv="X-UA-Compatible" />
    <meta name="viewport" content="width=device-width, initial-scale=1.0" />
    <script src="JS/echarts.js"></script>
    <link rel="stylesheet" href="CSS/main.css" />
    <title>静态散布矩阵</title>
  </head>

  <body>
    <div id="scatter"></div>
    <script src="JS/scatter.js"></script>
  </body>
</html>
```

3. 设置元素样式

在 AirPollution_Scatter_Static/CSS 目录下新建 main.css 文档，内容如下：

```css
body {
    background-color: black;
}
```

```
#scatter {
    position: absolute;
    left: 5%;
    top: 5%;
    width: 90%;
    height: 90%;
}
```

4. 数据准备

从数据集中选取 2018 年 1 月 1 日的 30 条观测记录,如表 12.2 所示,根据散点图数据系列组件 data 属性的要求,将空气质量指数与各种气象要素的数据均整理成[x,y]格式。例如,将 AQI 与纬向风速绝对值的数据整理如下:

```
[[7.28, 68], [1.17, 109], [4.77, 108], [5.14, 114], [5.08, 102], [3.95, 33], [8.61, 34],
[1.8, 48], [3.09, 87], [3.36, 98], [3.85, 98], [5.22, 94], [12.44, 38], [2.68, 142],
[5.31, 103], [2.41, 141], [3.6, 171], [4.89, 173], [4.21, 166], [4.3, 216], [2.35, 157],
[5.16, 145], [3.61, 274], [4.16, 275], [4.02, 258], [2.68, 152], [4.01, 246],
[3.52, 192], [1.03, 238], [3.29, 198]]
```

表 12.2   空气质量指数与气象要素观测记录

AQI	纬向风速绝对值/(m/s)	气温/K	相对湿度/%	地面气压/Pa
68	7.28	291.72	81.88	101 668.52
109	1.17	289.3	58.7	101 644.38
108	4.77	289.81	71.81	101 859.34
114	5.14	289.32	73.93	101 478.17
102	5.08	289.21	56.44	101 538.39
33	3.95	282.84	91.82	80 405.88
34	8.61	288.77	70.67	100 817.34
48	1.8	280.25	81.41	88 005.25
87	3.09	283.08	75.01	100 292.57
98	3.36	281.13	52.83	101 728.01
98	3.85	282.8	54.82	102 207.4
94	5.22	282.97	53.42	96 196.98
38	12.44	264.65	24.6	55 955.43
142	2.68	280.21	55.68	95 737.79
103	5.31	281.73	43.63	102 284.46
141	2.41	279.86	62.22	102 722.11
171	3.6	279.35	62.44	101 377.11

续表

AQI	纬向风速绝对值/（m/s）	气温/K	相对湿度/%	地面气压/Pa
173	4.89	281.57	55.18	102 625.56
166	4.21	281.43	53.18	102 722.88
216	4.3	280.27	54.02	102 734.06
157	2.35	280.13	54.83	102 761.16
145	5.16	280.63	42.89	102 003.77
274	3.61	280.32	52.2	102 465.73
275	4.16	279.88	56.21	102 458.2
258	4.02	279.76	49.33	102 690.4
152	2.68	279.44	43.3	102 817.98
246	4.01	279.48	47.94	102 761.52
192	3.52	279.09	41.33	102 647.61
238	1.03	278.67	32.05	97 821.19
198	3.29	279.15	44.78	102 650.9

12.3.2 图表制作

在 AirPollution_Scatter_Static/JS 目录下新建 scatter.js 脚本，用于制作散点图。在配置项中，需要对标题组件、提示框组件、视觉映射组件、坐标系组件、x 轴组件、y 轴组件、数据系列组件进行配置，下面介绍配置方法。

1. 标题组件

标题组件用于设置主、副标题的内容和样式，代码如下：

```
title: {
    text: "空气质量指数与气象要素关系散布矩阵",
    textStyle: {
        color: "ivory",
        fontSize: 32,
    },
    subtext: "监测时间：2018 年 1 月 1 日",
    subtextStyle: {
        color: "ivory",
        fontSize: 18,
    },
    left: "center",
},
```

2. 提示框组件

提示框组件用于在鼠标悬停时弹窗显示散点的坐标信息，代码如下：

```
tooltip: {
    formatter: "{c0}",
},
```

3. 视觉映射组件

视觉映射组件用于将 AQI 类别映射到不同的颜色，代码如下：

```
visualMap: {
    type: 'piecewise',
    dimension: 1,                    //使用数据体中纵坐标上的数据进行视觉映射
    pieces: [
        {min: 0, max: 50, color: 'lime'},
        {min: 51, max: 100, color: '#fcce10'},
        {min: 101, max: 150, color: '#e87c25'},
        {min: 151, max: 200, color: 'red'},
        {min: 201, max: 300, color: 'purple'},
        {min: 301, color: 'brown'}
    ],
    show: false
},
```

4. 坐标系组件

本例中需要设置 4 个坐标系网格，布局采用 2 阶方阵的形式，代码如下：

```
grid: [
    {left: '1%', top: '15%', width: '43%', height: '38%', containLabel: true},
    {right: '6%', top: '15%', width: '43%', height: '38%', containLabel: true},
    {left: '1%', bottom: '3%', width: '43%', height: '38%', containLabel: true},
    {right: '6%', bottom: '3%', width: '43%', height: '38%', containLabel: true}],
```

5. x 轴组件

在本例中，x 轴用于显示气象要素的观测数据，需要对每个坐标系的 x 轴分别进行设置，代码如下：

```
xAxis: [
    {                                //第一个坐标系中的 x 轴,显示纬向风速的绝对值
    gridIndex: 0,
    name: "abs(u)(m/s)",
    nameTextStyle: {
      color: "ivory",
      fontSize: 16,
    },
    axisLabel: {
      interval: 0,
      color: "ivory",
      fontSize: 16,
    },
  },
  {                                  //第二个坐标系中的 x 轴,显示气温
    gridIndex: 1,
```

```
    name: "temp(K)",
    nameTextStyle: {
      color: "ivory",
      fontSize: 16,
    },
    min: 240,
    axisLabel: {
      interval: 0,
      color: "ivory",
      fontSize: 16,
    },
  },
  {                                    //第三个坐标系中的 x 轴,显示相对湿度
    gridIndex: 2,
    name: "rh(%)",
    nameTextStyle: {
      color: "ivory",
      fontSize: 16,
    },
    min: 10,
    axisLabel: {
      interval: 0,
      color: "ivory",
      fontSize: 16,
    },
  },
  {                                    //第四个坐标系中的 x 轴,显示地面气压
    gridIndex: 3,
    name: "psfc(Pa)",
    nameTextStyle: {
      color: "ivory",
      fontSize: 16,
    },
    min: 50000,
    axisLabel: {
      interval: 0,
      color: "ivory",
      fontSize: 16,
    },
  },
],
```

6. y 轴组件

在本例中,y 轴用于显示空气质量指数(AQI),同样需要对每个坐标系的 y 轴分别进行设置,代码如下:

```
yAxis: [
  {
    gridIndex: 0,
    type: "value",
    axisLabel: {
      color: "ivory",
      fontSize: 16,
```

```
      },
      name: "AQI",
      nameTextStyle: {
        color: "ivory",
        fontSize: 16,
      },
    },
    {
      gridIndex: 1,
      type: "value",
      axisLabel: {
        color: "ivory",
        fontSize: 16,
      },
      name: "AQI",
      nameTextStyle: {
        color: "ivory",
        fontSize: 16,
      },
    },
    {
      gridIndex: 2,
      type: "value",
      axisLabel: {
        color: "ivory",
        fontSize: 16,
      },
      name: "AQI",
      nameTextStyle: {
        color: "ivory",
        fontSize: 16,
      },
    },
    {
      gridIndex: 3,
      type: "value",
      axisLabel: {
        color: "ivory",
        fontSize: 16,
      },
      name: "AQI",
      nameTextStyle: {
        color: "ivory",
        fontSize: 16,
      },
    },
  ],
```

7. 数据系列组件

在本例中,需要为每个坐标系分别设置数据系列,代码如下:

```
series: [
    {                                    //第一个坐标系中展示 AQI 与纬向风速绝对值的关系
        name: "AQI",
        type: "scatter",
        xAxisIndex: 0,
        yAxisIndex: 0,
        data: [[7.28, 68], [1.17, 109], [4.77, 108], [5.14, 114], [5.08, 102],
               [3.95, 33], [8.61, 34], [1.8, 48], [3.09, 87], [3.36, 98], [3.85, 98],
               [5.22, 94], [12.44, 38], [2.68, 142], [5.31, 103], [2.41, 141],
               [3.6, 171], [4.89, 173], [4.21, 166], [4.3, 216], [2.35, 157],
               [5.16, 145], [3.61, 274], [4.16, 275], [4.02, 258], [2.68, 152],
               [4.01, 246], [3.52, 192], [1.03, 238], [3.29, 198]]
    },
    {                                    //第二个坐标系中展示 AQI 与气温的关系
        name: "AQI",
        type: "scatter",
        xAxisIndex: 1,
        yAxisIndex: 1,
        data: [[291.72, 68], [289.3, 109], [289.81, 108], [289.32, 114], [289.21, 102],
               [282.84, 33], [288.77, 34], [280.25, 48], [283.08, 87], [281.13, 98],
               [282.8, 98], [282.97, 94], [264.65, 38], [280.21, 142], [281.73, 103],
               [279.86, 141], [279.35, 171], [281.57, 173], [281.43, 166],
               [280.27, 216], [280.13, 157], [280.63, 145], [280.32, 274],
               [279.88, 275], [279.76, 258], [279.44, 152], [279.48, 246],
               [279.09, 192], [278.67, 238], [279.15, 198]]
    },
    {                                    //第三个坐标系中展示 AQI 与相对湿度的关系
        name: "AQI",
        type: "scatter",
        xAxisIndex: 2,
        yAxisIndex: 2,
        data: [[81.88, 68], [58.7, 109], [71.81, 108], [73.93, 114], [56.44, 102],
               [91.82, 33], [70.67, 34], [81.41, 48], [75.01, 87], [52.83, 98], [54.82,
               98], [53.42, 94], [24.6, 38], [55.68, 142], [43.63, 103], [62.22, 141],
               [62.44, 171], [55.18, 173], [53.18, 166], [54.02, 216], [54.83, 157],
               [42.89, 145], [52.2, 274], [56.21, 275], [49.33, 258], [43.3, 152],
               [47.94, 246], [41.33, 192], [32.05, 238], [44.78, 198]]
    },
    {                                    //第四个坐标系中展示 AQI 与地面气压的关系
        name: "AQI",
        type: "scatter",
        xAxisIndex: 3,
        yAxisIndex: 3,
        data: [[101668.52, 68], [101644.38, 109], [101859.34, 108], [101478.17, 114],
               [101538.39, 102], [80405.88, 33], [100817.34, 34], [88005.25, 48],
               [100292.57, 87], [101728.01, 98], [102207.4, 98], [96196.98, 94],
               [55955.43, 38], [95737.79, 142], [102284.46, 103], [102722.11, 141],
               [101377.11, 171], [102625.56, 173], [102722.88, 166], [102734.06, 216],
               [102761.16, 157], [102003.77, 145], [102465.73, 274], [102458.2, 275],
               [102690.4, 258], [102817.98, 152], [102761.52, 246], [102647.61, 192],
               [97821.19, 238], [102650.9, 198]]
    },
]
```

12.3.3　图表展示

使用浏览器打开 index.html,查看散点图的显示效果,如图 12.2 所示。通过观察可以发现,当样本数量较少时,变量之间的关系表现得并不明显。

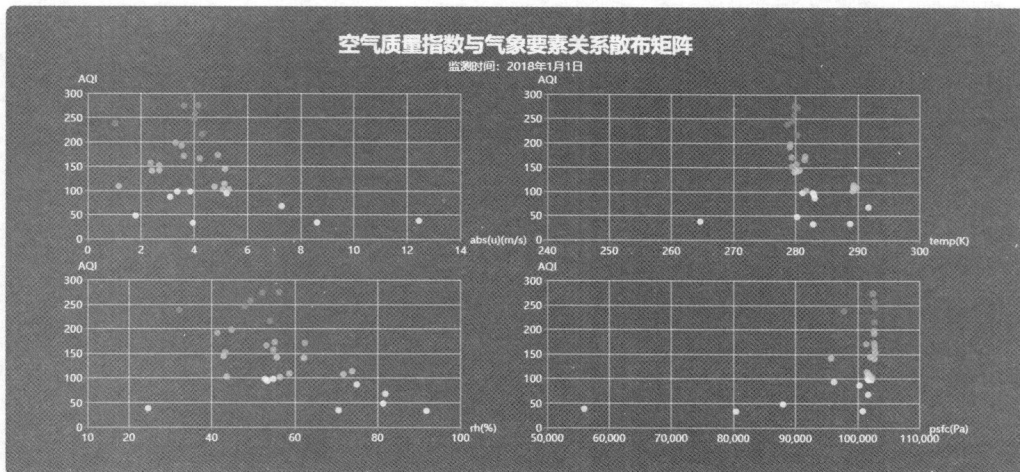

图 12.2　静态散点图

扫一扫

看彩图

12.4　动态散点图

动态散点图可在动态饼图的基础上改造而成,改造过程包括准备工作、图表制作、图表展示 3 个阶段,下面分别介绍各阶段的具体工作。

扫一扫

视频讲解

12.4.1　准备工作

在本地复制一份动态饼图的项目文件夹,更名为 AirPollution_Scatter_Dynamic,作为项目根目录。

12.4.2　图表制作

1. 数据转换

数据转换包括以下 3 个环节：①组装 JSON 字符串；②发布 JSON 数据接口；③测试 JSON 数据接口。下面分别介绍各环节的具体工作。

1) 组装 JSON 字符串

对项目根目录下的 preprocess.py 脚本进行如下修改：定义 getScatterJSON()函数,用于接收目标数据、组装并返回 JSON 字符串。JSON 字符串的结构形如[[7.28,68]]。修改后的 preprocess.py 内容如下：

```
from aqi import get_iaqi_pm25, get_iaqi_pm10, get_iaqi_so2, get_iaqi_no2, get_
iaqi_co, get_iaqi_o3, get_aqi, get_aqi_class
import json
```

```
def getScatterJSON(data):
    returnDct = {}
    aqi_u = []
    aqi_temp = []
    aqi_rh = []
    aqi_psfc = []
    for station in data:
        value_pm25 = station[0]
        value_pm10 = station[1]
        value_so2 = station[2]
        value_no2 = station[3]
        value_co = station[4]
        value_o3 = station[5]
        value_u = station[6]
        value_temp = station[7]
        value_rh = station[8]
        value_psfc = station[9]
        iaqi_pm25 = get_iaqi_pm25(value_pm25)
        iaqi_pm10 = get_iaqi_pm10(value_pm10)
        iaqi_so2 = get_iaqi_so2(value_so2)
        iaqi_no2 = get_iaqi_no2(value_no2)
        iaqi_co = get_iaqi_co(value_co)
        iaqi_o3 = get_iaqi_o3(value_o3)
        staAqi = get_aqi(iaqi_pm25, iaqi_pm10, iaqi_so2, iaqi_no2, iaqi_co, iaqi_o3)
        lst = [value_u, staAqi]
        aqi_u.append(lst)
        lst = [value_temp, staAqi]
        aqi_temp.append(lst)
        lst = [value_rh, staAqi]
        aqi_rh.append(lst)
        lst = [value_psfc, staAqi]
        aqi_psfc.append(lst)
    returnDct['aqi_u'] = aqi_u
    returnDct['aqi_temp'] = aqi_temp
    returnDct['aqi_rh'] = aqi_rh
    returnDct['aqi_psfc'] = aqi_psfc
    return json.dumps(returnDct, ensure_ascii = False)
```

2）发布 JSON 数据接口

在本例中，为了增加样本数量，可将数据库中所有记录作为目标数据返回。向 server. py 中添加视图函数 json_for_scatter()，在视图函数中构造 SQL 查询语句，先调用 model.py 中的 getData() 函数执行查询、返回目标数据；再调用 preprocess.py 中的 getScatterJSON() 函数将目标数据组装为 JSON 字符串；最后，利用装饰器将 URL 规则/json_for_scatter 与该函数进行绑定。修改后的 server.py 内容如下：

```
from flask import Flask, render_template
from model import getData
from preprocess import getScatterJSON
```

```
app = Flask(__name__)

@app.route('/')
def index():
    return render_template('index.html')

@app.route('/json_for_scatter')
def json_for_scatter():
    sql = '''
    SELECT pm25,pm10,so2,no2,co,o3,abs(u),temp,rh,psfc
    FROM
    airpollution
    '''
    return getScatterJSON(getData(sql))

if __name__ == '__main__':
    app.run()
```

3）测试 JSON 数据接口

启动 Flask 开发服务器。在浏览器中访问 URL“http://127.0.0.1:5000/json_for_scatter”，如果能够看到图 12.3 所示的页面，说明数据接口发布正常。

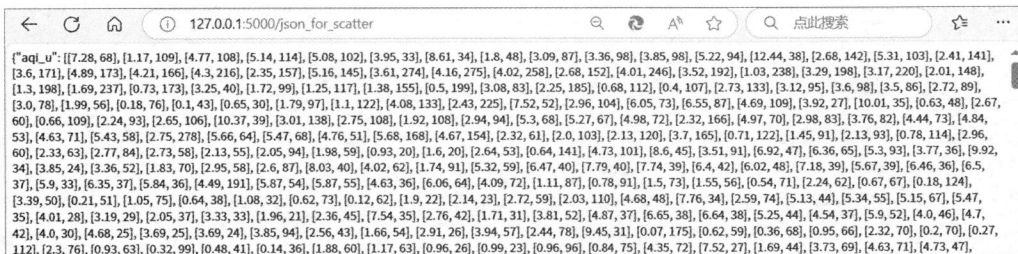

图 12.3 JSON 数据接口页面（部分）

2. 数据加载

在 static/JS 目录下新建 scatter.js 脚本，添加散点图实例初始化语句及 ajax()方法框架，代码如下：

```
let container = $("#scatter")[0]
let myScatter = echarts.init(container, null, {renderer: "svg"})
let data_scatter = {
  aqi_u : [],
  aqi_temp : [],
  aqi_rh : [],
  aqi_psfc : []
}
$.ajax({
    url: '/json_for_scatter',
    method: 'GET',
    dataType: 'json',
    success: function (data) {
```

```
        data_scatter.aqi_u = data.aqi_u
        data_scatter.aqi_temp = data.aqi_temp
        data_scatter.aqi_rh = data.aqi_rh
        data_scatter.aqi_psfc = data.aqi_psfc
        ...            //省略部分代码
    },
    error: function (msg) {console.log(msg)}
})
...                    //省略部分代码
```

3. 数据渲染

在静态饼图配置的基础上，将 series 组件的 data 属性值由常量修改为变量，即可得到动态饼图的配置。pie.js 的完整内容如下：

```
let container = $("#scatter")[0]
let myScatter = echarts.init(container, null, {renderer: "svg"})
let data_scatter = {
  aqi_u : [],
  aqi_temp : [],
  aqi_rh : [],
  aqi_psfc : []
}
$.ajax({
  url: "/json_for_scatter",
  method: "GET",
  dataType: "json",
  success: function (data) {
    data_scatter.aqi_u = data.aqi_u
    data_scatter.aqi_temp = data.aqi_temp
    data_scatter.aqi_rh = data.aqi_rh
    data_scatter.aqi_psfc = data.aqi_psfc
    let option = {
      title: {
        text: "空气质量指数与气象要素关系散布矩阵",
        textStyle: {
          color: "ivory",
          fontSize: 32,
        },
        subtext: "监测时间：2018 年 1 月 1 日至 1 月 31 日",
        subtextStyle: {
          color: "ivory",
          fontSize: 18,
        },
        left: "center",
      },
      tooltip: {
        formatter: '{c0}'
      },
      visualMap: {
        type: "piecewise",
```

```
    dimension: 1,
  pieces: [
    {min: 0, max: 50, color: "lime"},
    {min: 51, max: 100, color: "#fcce10"},
    {min: 101, max: 150, color: "#e87c25"},
    {min: 151, max: 200, color: "red"},
    {min: 201, max: 300, color: "purple"},
    {min: 301, color: "brown"},
  ],
  show: false,
},
grid: [
  {
    left: "1%",
    top: "15%",
    width: "43%",
    height: "38%",
    containLabel: true,
  },
  {
    right: "6%",
    top: "15%",
    width: "43%",
    height: "38%",
    containLabel: true,
  },
  {
    left: "1%",
    bottom: "3%",
    width: "43%",
    height: "38%",
    containLabel: true,
  },
  {
    right: "6%",
    bottom: "3%",
    width: "43%",
    height: "38%",
    containLabel: true,
  },
],
xAxis: [
  {
    gridIndex: 0,
    name: "abs(u)(m/s)",
    nameTextStyle: {
      color: "ivory",
      fontSize: 16
    },
    axisLabel: {
```

```
          interval: 0,
          color: "ivory",
          fontSize: 16
        },
      },
      {
        gridIndex: 1,
        name: "temp(K)",
        nameTextStyle: {
          color: "ivory",
          fontSize: 16
        },
        min: 240,
        axisLabel: {
          interval: 0,
          color: "ivory",
          fontSize: 16,
        },
      },
      {
        gridIndex: 2,
        name: "rh(%)",
        nameTextStyle: {
          color: "ivory",
          fontSize: 16
        },
        min: 10,
        axisLabel: {
          interval: 0,
          color: "ivory",
          fontSize: 16,
        },
      },
      {
        gridIndex: 3,
        name: "psfc(Pa)",
        nameTextStyle: {
          color: "ivory",
          fontSize: 16
        },
        min: 50000,
        axisLabel: {
          interval: 0,
          color: "ivory",
          fontSize: 16,
        },
      }
    ],
    yAxis: [
      {
```

```
      gridIndex: 0,
      type: "value",
      axisLabel: {
        color: "ivory",
        fontSize: 16
      },
      name: "AQI",
      nameTextStyle: {
        color: "ivory",
        fontSize: 16
      },
    },
    {
      gridIndex: 1,
      type: "value",
      axisLabel: {
        color: "ivory",
        fontSize: 16
      },
      name: "AQI",
      nameTextStyle: {
        color: "ivory",
        fontSize: 16
      },
    },
    {
      gridIndex: 2,
      type: "value",
      axisLabel: {
        color: "ivory",
        fontSize: 16
      },
      name: "AQI",
      nameTextStyle: {
        color: "ivory",
        fontSize: 16
      },
    },
    {
      gridIndex: 3,
      type: "value",
      axisLabel: {
        color: "ivory",
        fontSize: 16
      },
      name: "AQI",
      nameTextStyle: {
        color: "ivory",
        fontSize: 16
      },
```

```
        },
      ],
      series: [
        {
          name: "AQI",
          type: "scatter",
          xAxisIndex: 0,
          yAxisIndex: 0,
          data: data_scatter.aqi_u,
        },
        {
          name: "AQI",
          type: "scatter",
          xAxisIndex: 1,
          yAxisIndex: 1,
          data: data_scatter.aqi_temp,
        },
        {
          name: "AQI",
          type: "scatter",
          xAxisIndex: 2,
          yAxisIndex: 2,
          data: data_scatter.aqi_rh,
        },
        {
          name: "AQI",
          type: "scatter",
          xAxisIndex: 3,
          yAxisIndex: 3,
          data: data_scatter.aqi_psfc,
        },
      ],
    }
    myScatter.setOption(option)
  },
  error: function (msg) {
    console.log(msg);
  },
})
```

12.4.3 图表展示

运行 server.py，启动 Flask 开发服务器。在浏览器中访问 URL"http://127.0.0.1：5000/"，将看到图 12.4 所示的页面效果。通过将图 12.4 与图 12.2 进行对比可以发现，在样本数量增加之后，变量之间的关系表现得更加显著、更易于观察。

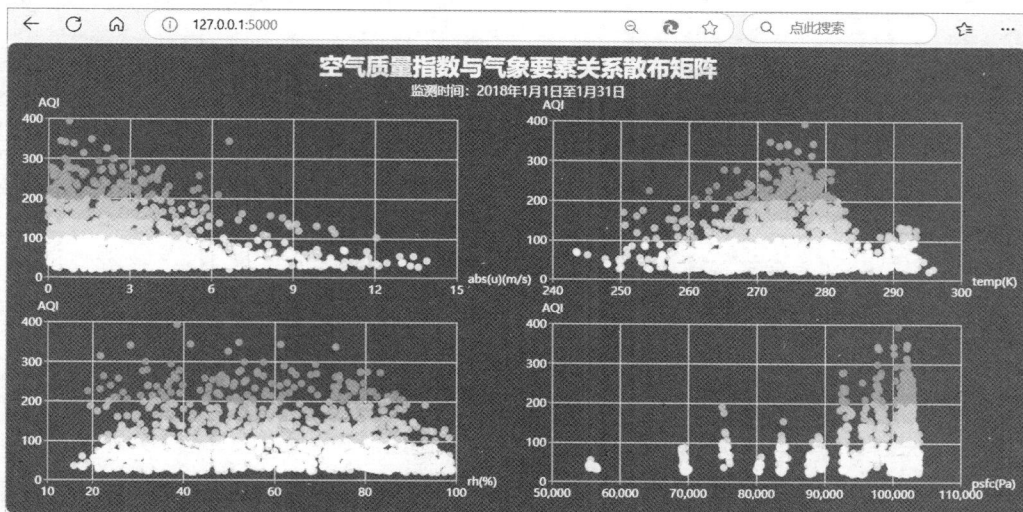

图 12.4 动态散点图

12.5 动态三维散点图

三维散点图适用于同时呈现 3 个变量之间关系的场景。本节以空气质量指数与风速的关系为例,介绍动态三维散点图的制作方法。动态散点图可在动态二维散点图的基础上改造而成,改造过程包括准备工作、图表制作、图表展示 3 个阶段,下面分别介绍各阶段的具体工作。

12.5.1 准备工作

1. 创建项目根目录

在本地复制一份动态二维散点图的项目文件夹,更名为 AirPollution_Scatter3D_Dynamic,作为项目根目录。

2. 引入 ECharts-GL 库文件

将 echarts-gl.min.js 放在 static/JS 目录下,并在 index.html 中添加引用。修改后的index.html 内容如下:

```
<!DOCTYPE html>
<html lang="en">

  <head>
  <meta charset="UTF-8">
  <link rel="stylesheet" href="{{url_for('static',filename='CSS/main.css')}}">
  <script src="{{url_for('static',filename='JS/echarts.js')}}"></script>
  <script src="{{url_for('static',filename='JS/echarts-gl.min.js')}}"></script>
  <script src="{{url_for('static',filename='JS/jquery.min.js')}}"></script>
  <title>三维散点图</title>
</head>

<body>
```

```
<div id="scatter3D"></div>
<script src="{{url_for('static',filename='JS/scatter3D.js')}}"></script>
</body>

</html>
```

12.5.2　图表制作

1. 数据转换

数据转换包括以下 3 个环节：①组装 JSON 字符串；②发布 JSON 数据接口；③测试 JSON 数据接口。下面分别介绍各环节的具体工作。

1）组装 JSON 字符串

对项目根目录下的 preprocess.py 脚本进行如下修改：定义 getScatter3DJSON()函数，用于接收目标数据、组装并返回 JSON 字符串。JSON 字符串的结构形如[[7.28,2.08,68]]。修改后的 preprocess.py 内容如下：

```
from aqi import get_iaqi_pm25, get_iaqi_pm10, get_iaqi_so2, get_iaqi_no2, get_
iaqi_co, get_iaqi_o3, get_aqi, get_aqi_class
import json

def getScatter3DJSON(data):
    returnDct = {}
    aqi_uv = []
    for station in data :
        value_pm25 = station[0]
        value_pm10 = station[1]
        value_so2 = station[2]
        value_no2 = station[3]
        value_co = station[4]
        value_o3 = station[5]
        value_u = station[6]
        value_v = station[7]
        iaqi_pm25 = get_iaqi_pm25(value_pm25)
        iaqi_pm10 = get_iaqi_pm10(value_pm10)
        iaqi_so2 = get_iaqi_so2(value_so2)
        iaqi_no2 = get_iaqi_no2(value_no2)
        iaqi_co = get_iaqi_co(value_co)
        iaqi_o3 = get_iaqi_o3(value_o3)
        staAqi = get_aqi(iaqi_pm25, iaqi_pm10, iaqi_so2, iaqi_no2, iaqi_co,
            iaqi_o3)
        lst = [value_u, value_v, staAqi]
        aqi_uv.append(lst)
    returnDct['aqi_uv'] = aqi_uv
    return json.dumps(returnDct, ensure_ascii = False)
```

2）发布 JSON 数据接口

向 server.py 中添加视图函数 json_for_scatter3D()，在视图函数中构造 SQL 查询语句，先调用 model.py 中的 getData()函数，执行查询、返回目标数据；再调用 preprocess.py

中的 getScatter3DJSON() 函数,将目标数据组装为 JSON 字符串;最后,利用装饰器将 URL 规则/json_for_scatter3D 与该函数进行绑定。修改后的 server.py 内容如下:

```python
from flask import Flask, render_template
from model import getData
from preprocess import getScatter3DJSON

app = Flask(__name__)

@app.route('/')
def index():
    return render_template('index.html')

@app.route('/json_for_scatter3D')
def json_for_scatter3D():
    sql = '''
    SELECT pm25,pm10,so2,no2,co,o3,abs(u),abs(v)
    FROM
    airpollution
    '''
    return getScatter3DJSON(getData(sql))

if __name__ == '__main__':
    app.run()
```

3)测试 JSON 数据接口

启动 Flask 开发服务器,在浏览器中访问 URL“http://127.0.0.1:5000/json_for_scatter3D”,如果能够看到图 12.5 所示的页面,说明数据接口发布正常。

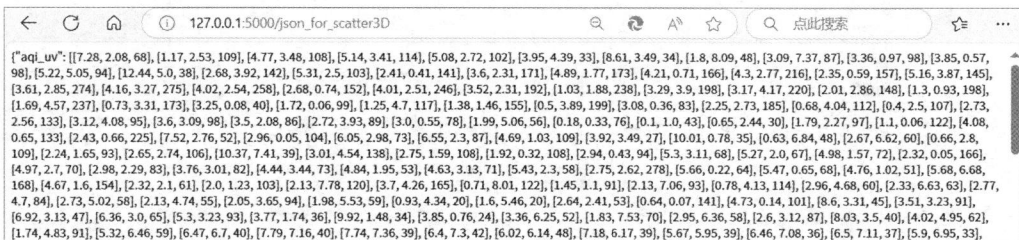

图 12.5 JSON 数据接口页面(部分)

2. 数据加载

在 static/JS 目录下新建 scatter3D.js 脚本,添加散点图实例初始化语句及 ajax() 方法框架。需要注意的是,三维图表只支持 Canvas 渲染器。

```javascript
let container = $("#scatter3D")[0]
let myScatter = echarts.init(container)          //使用 Canvas 渲染器
let data_scatter3D = []
$.ajax({
    url: '/json_for_scatter3D',
    method: 'GET',
    dataType: 'json',
```

```
success: function (data) {
    data_scatter3D = data.aqi_uv
    .../省略部分代码
},
error: function (msg) {console.log(msg)}
})
.../省略部分代码
```

3. 数据渲染

在三维散点图的配置项中，需要对标题组件、提示框组件、视觉映射组件、三维坐标系网格组件、x 轴组件、y 轴组件、z 轴组件、数据系列组件进行设置。scatter3D.js 的完整内容如下：

```
let container = $("#scatter3D")[0]
let myScatter3D = echarts.init(container)
let data_scatter3D = []
$.ajax({
  url: "/json_for_scatter3D",
  method: "GET",
  dataType: "json",
  success: function (data) {
    data_scatter3D = data.aqi_uv
    let option = {
      title: {                              //标题组件
        text: "空气质量指数与风速关系散点图",
        textStyle: {
          color: "ivory",
          fontSize: 28,
        },
        subtext: "监测时间: 2018 年 1 月 1 日至 1 月 31 日",
        subtextStyle: {
          color: "ivory",
          fontSize: 18,
        },
        top: '5%',
        left: "center",
      },
      tooltip: {                            //提示框组件
        formatter: '{c0}'
      },
      visualMap: {                          //视觉映射组件
        type: "piecewise",
        dimension: 2,                       //使用 AQI 进行视觉映射
        pieces: [
          {min: 0, max: 50, color: "lime"},
          {min: 51, max: 100, color: "#fcce10"},
          {min: 101, max: 150, color: "#e87c25"},
          {min: 151, max: 200, color: "red"},
          {min: 201, max: 300, color: "purple"},
```

```
            {min: 301, color: "brown"},
          ],
          show: false,
        },
      grid3D: {                     //三维坐标系网格组件
        height: '90%',
        axisLabel: {
          textStyle: {
            fontSize: 16,
            color: 'ivory'
          }
        }
      },
      xAxis3D: {                    //三维坐标系中的 x 轴,展示纬向风速的绝对值
        name: '纬向风速的绝对值(m/s)',
        nameTextStyle: {
          fontWeight: 'Bold',
          fontSize: 16,
          color: 'ivory'
        }
      },
      yAxis3D: {                    //三维坐标系中的 y 轴,展示经向风速的绝对值
        name: '经向风速的绝对值(m/s)',
        nameTextStyle: {
          fontWeight: 'Bold',
          fontSize: 16,
          color: 'ivory'
        }
      },
      zAxis3D: {                    //三维坐标系中的 z 轴,展示 AQI
        name: 'AQI',
        nameTextStyle: {
          fontWeight: 'Bold',
          fontSize: 16,
          color: 'ivory'
        },
        nameGap: 30
      },
      series: [                     //数据系列组件
        {
          name: "AQI",
          type: "scatter3D",
          data: data_scatter3D,
        }
      ],
    };
    myScatter3D.setOption(option);
  },
  error: function (msg) {
    console.log(msg);
  },
});
```

12.5.3 图表展示

运行 server.py，启动 Flask 开发服务器。在浏览器中访问 URL"http://127.0.0.1：5000/"，将看到图 12.6 所示的页面效果。

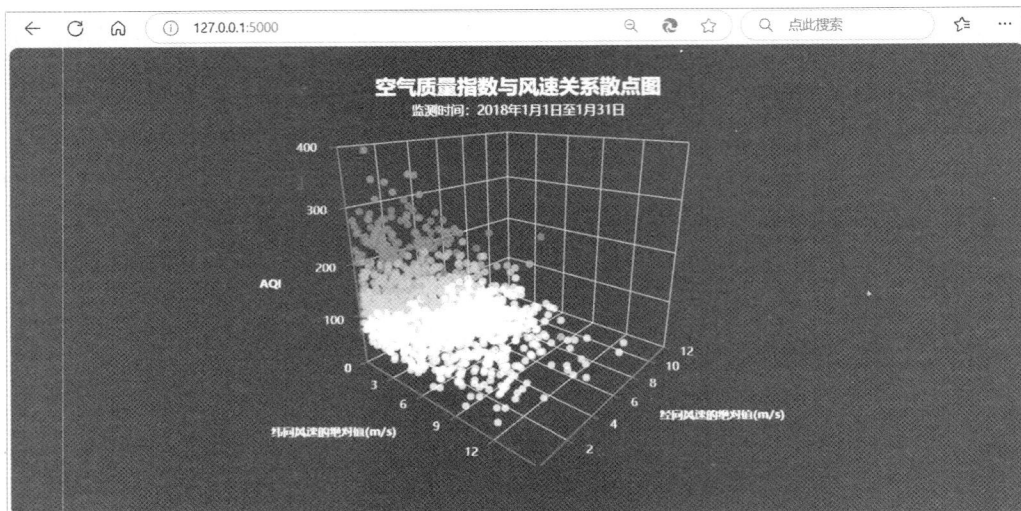

图 12.6 动态三维散点图

本章小结

本章以"空气质量指数与气象要素关系散点图"为例，详细介绍了利用 ECharts 散点图对数据进行可视化的方法。通过本章的学习，读者应了解散点图的概念、特点和应用场景，了解 ECharts 三维散点图的核心组件，掌握利用 Web 前端开发技术制作静态散点图的方法，掌握综合利用 Web 前后端开发技术制作动态散点图的方法，掌握利用 ECharts-GL 框架制作三维散点图的方法，为开发基于 ECharts 散点图的数据可视化应用程序奠定技术基础。

习题 12

第  章

联动图表

学习目标

（1）了解联动图表的概念、特点和应用场景。
（2）了解 ECharts 时间轴组件的常用属性。
（3）掌握 ECharts 时间轴组件的基本用法。
（4）掌握利用 Web 前端开发技术制作静态联动图表的方法。
（5）掌握综合利用 Web 前后端开发技术制作动态联动图表的方法。

13.1 联动图表简介

联动图表是指在同一个 ECharts 实例中通过多图表混搭和联动，对多维度数据进行同步展示的一种可视化方案。ECharts 支持任意图表的混搭，其中比较常见的组合方式是条形图与饼图、折线图与饼图。例如，图 13.1 展示的是条形图与饼图组合形成的联动图表，其中，条形图用于展示各监测站的空气质量指数，饼图用于展示空气质量指数的分类汇总情

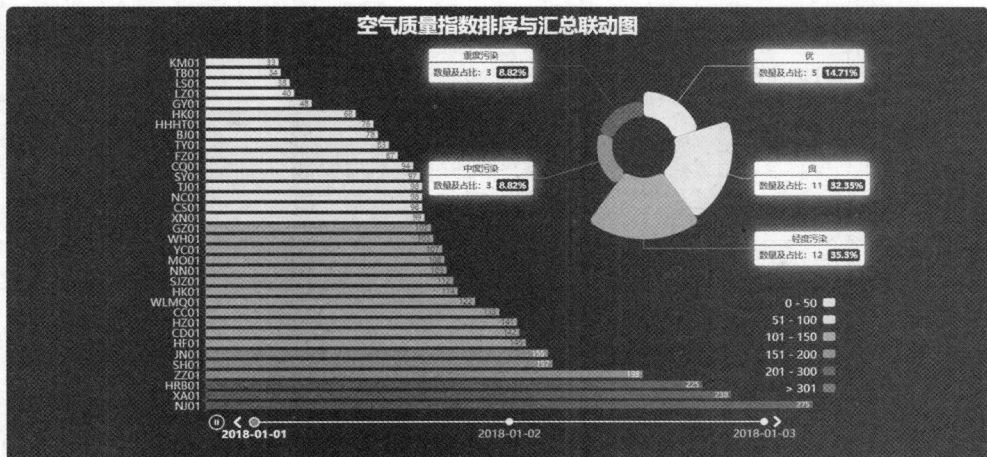

图 13.1 联动图表示例

况。另外，在图 13.1 中，为了能够展示不同日期的数据，还使用了 ECharts 提供的时间轴组件。在时间轴的驱动下，条形图和饼图将自动在不同日期的数据之间进行切换，方便用户观察数据的时变特征。集成时间轴组件的联动图表，支持复杂面板数据的同步展示，是一种功能强大且富有表现力的数据可视化方案。

13.2　ECharts 时间轴组件

时间轴（timeline）是实现面板数据可视化的核心组件。与常用的坐标轴组件（xAxis 和 yAxis）不同，时间轴组件不仅提供了一条坐标轴，而且提供了一组控制按钮，用于支持在多个可选配置项（switchableOption）的视图之间进行切换的功能。引入时间轴组件之后，在一个 ECharts 实例中需要定义两类配置项：基础配置项（baseOption）和可选配置项（switchableOption），分别用于设置多个视图之间统一的和独立的内容和样式，一个可选配置项通常对应一个时间坐标。在时间轴运行过程中，会将当前时间坐标对应的可选配置项与基础配置项进行合并，形成最终配置项（finalOption），再由 ECharts 根据最终配置项进行渲染成图。配置项合并的策略，可以通过时间轴组件的 replaceMerge 属性进行配置。ECharts 时间轴组件的常用属性如表 13.1 所示。

表 13.1　ECharts 时间轴组件的常用属性

属　　性	说　　明
show	是否显示，取值为 true 或 false。默认值为 true，设置为 false 时，时间轴将隐藏，但功能仍在
axisType	坐标轴类型，可选项有 value（数值型）、category（类目型）和 time（时间型）
autoPlay	是否自动播放，可选项有 true 和 false
playInterval	播放的速度，单位为毫秒，默认值为 2000 毫秒
replaceMerge	替换合并策略，表示对哪些组件使用可选配置项的内容替换基础配置项。取值可以是组件的类型，如 xAxis 或 series；也可以是类型的数组，如 ['xAxis', 'series']；也可使用默认值 NORMAL_MERGE，表示对所有相同组件均使用替换策略
lineStyle	坐标轴线的样式
label	坐标轴标签的样式
itemStyle	时间坐标图形的样式
checkpointStyle	检查点图形的样式
controlStyle	控制按钮的样式，包括播放按钮、前进按钮、后退按钮
progress	进度条中的线条、拐点、标签的样式
data	数据体，取值为数组类型，通常表示时间坐标

13.3　静态联动图表

本项目拟使用集成时间轴的联动图表，循环展示 2018 年 1 月 1 日至 3 日各监测站空气质量指数的排序和分类汇总情况，仍采用先静态后动态的顺序介绍开发过程。本节主要介绍静态联动图表的制作方法。

13.3.1　准备工作

准备工作阶段主要包括 4 个环节：①创建项目目录结构；②准备 HTML 文档；③设置元素样式；④数据准备。下面介绍各环节的具体工作。

1. 创建项目目录结构

创建项目根目录 AirPollution_Linkage_Static，并在根目录下分别创建 CSS 和 JS 目录，用于存放 CSS 文档和 JavaScript 脚本。将 ECharts 库文件 echarts.js 放在 JS 目录下。

2. 准备 HTML 文档

在项目根目录下新建 index.html 文档，作为项目主页，代码如下：

```html
<!DOCTYPE html>
<html lang="en">
<head>
    <meta charset="UTF-8">
    <meta http-equiv="X-UA-Compatible" content="IE=edge">
    <meta name="viewport" content="width=device-width, initial-scale=1.0">
    <script src="JS/echarts.js" ></script>
    <script src="JS/china.js" ></script>
    <link rel="stylesheet" href="CSS/main.css">
    <title>联动图表</title>
</head>
<body>
<div id="linkage"></div>
    <script src="JS/linkage.js"></script>
</body>
</html>
```

3. 设置元素样式

在 AirPollution_Linkage_Static/CSS 目录下新建 main.css 文档，代码如下：

```css
body{
    background-color: black;
}

#linkage {
    position: absolute;
    width: 100%;
    height: 100%;
}
```

4. 数据准备

在本例中，需要准备 2018 年 1 月 1 日至 3 日 34 个监测站的空气质量指数（见表 13.2）及分类汇总结果（见表 13.3），并按照条形图和饼图数据系列组件 data 属性值的要求，对数据进行格式化。

表 13.2　34 个监测站的空气质量指数

监测站代码	AQI（2018-01-01）	AQI（2018-01-02）	AQI（2018-01-03）
BJ01	78	54	23
CC01	133	41	53
CD01	142	138	62
CQ01	94	106	87
CS01	98	109	70
FZ01	87	60	52
GY01	48	48	24
GZ01	102	109	93
HF01	145	166	48
HHHT01	76	34	47
HK01	114	87	65
HK01	68	52	45
HRB01	225	101	48
HZ01	141	108	59
JN01	155	165	56
KM01	33	27	36
LS01	38	39	40
LZ01	40	61	87
MO01	108	73	47
NC01	98	93	58
NJ01	275	82	36
NN01	109	104	91
SH01	157	72	42
SJZ01	112	114	124
SY01	97	53	59
TB01	34	35	34
TJ01	98	58	38
TY01	83	91	62
WH01	103	108	91
WLMQ01	122	141	110
XA01	238	278	191
XN01	99	103	91
YC01	107	60	50
ZZ01	198	168	64

表 13.3 空气质量指数分类汇总结果

AQI 类别	数量（2018-01-01）	数量（2018-01-02）	数量（2018-01-03）
优	5	6	14
良	11	13	17
轻度污染	12	11	2
中度污染	3	3	1
重度污染	3	1	0

13.3.2 图表制作

在 AirPollution_Linkage_Static/JS 目录下新建 linkage.js 脚本，用于制作联动图表。由于本例中使用了时间轴组件，因此，需要分别对基础配置项（baseOption）和可选配置项（switchableOption）进行设置。其中，基础配置项用于设置固定不变的内容和样式，可选配置项用于设置需要变化的部分。在本例中，需要变化的部分只有数据部分，因此，可将与组件样式有关的属性放在基础配置项中，将数据部分放在可选配置项中。下面介绍具体的设置方法。

1. 基础配置项

基础配置项用于对固定不变的内容和样式进行设置，涉及时间轴组件、标题组件、提示框组件、网格组件、x 轴组件、y 轴组件、视觉映射组件、数据系列组件，设置方法如下：

```
baseOption: {
  timeline: {                               //时间轴组件
    axisType: "category",                   //使用类目轴
    autoPlay: true,                         //启用自动播放功能
    playInterval: 2000,                     //播放间隔为 2000 毫秒
    bottom: "5%",
    lineStyle: {                            //坐标轴线的样式
      color: "ivory",
    },
    label: {                                //坐标轴标签的样式
      color: "lightgray",
      fontSize: 18,
    },
    itemStyle: {                            //时间坐标图形的样式
      color: "ivory",
    },
    checkpointStyle: {                      //检查点图形的样式
      borderColor: "ivory",
    },
    controlStyle: {                         //控制按钮的样式
      color: "ivory",
      borderColor: "ivory",
    },
    progress: {                             //进度条中标签的样式
```

```
      label: {
        color: "ivory",
        fontSize: 18,
        fontWeight: "bolder",
      },
    },
    data: ["2018-01-01", "2018-01-02", "2018-01-03"],      //时间轴上的标签
  },
  title: {                                                  //标题组件
    text: "空气质量指数排序与汇总联动图",
    textStyle: {
      fontSize: 32,
      color: "ivory",
    },
    left: "center",
  },
  tooltip: {                                                //提示框组件
    trigger: "item",
  },
  grid: {                                                   //网格组件
    top: "10%",
    left: "20%",
    width: "68%",
    height: "78%",
    containLabel: true,
  },
  xAxis: {                                                  //x轴组件
    show: false,
    axisLabel: {
      interval: 0,
      color: "lightgray",
      fontSize: 18,
    },
  },
  yAxis: {                                                  //y轴组件
    axisLabel: {
      interval: 0,
      color: "lightgray",
      fontSize: 18,
    },
    data: [],
  },
  visualMap: {                                              //视觉映射组件
    type: "piecewise",
    dimension: 0,
    pieces: [
      {min: 0, max: 50, color: "lime"},
      {min: 51, max: 100, color: "#fcce10"},
      {min: 101, max: 150, color: "#e87c25"},
      {min: 151, max: 200, color: "red"},
```

```
          {min: 201, max: 300, color: "purple"},
          {min: 301, color: "brown"},
        ],
        right: "15%",
        bottom: "15%",
        textStyle: {
          color: "ivory",
          fontSize: 18,
        },
        inverse: true,
      },
      series: [                                    //数据系列组件
        {                                          //条形图
          name: "AQI",
          type: "bar",
          label: {
            show: true,
            position: "insideRight",
          },
        },
        {                                          //饼图
          name: "数量及占比",
          type: "pie",
          center: ["65%", "30%"],
          radius: [50, 150],
          roseType: "area",
          encode: {
            value: [1],
          },
          itemStyle: {
            borderRadius: 8,
          },
          label: {
            alignTo: "labelLine",
            backgroundColor: "ivory",
            borderRadius: 4,
            shadowColor: "lightgray",
            shadowBlur: 20,
            formatter: "{b|{b}}{abg|}\n{hr|}\n  {a|{a}: {@[1]}  }{d|{d}%}  ",
            rich: {
              a: {
                fontSize: 14,
                fontWeight: "bold",
                lineHeight: 33,
              },
              hr: {
                borderColor: "black",
                width: "100%",
                borderWidth: 1,
                height: 0,
```

```
        },
      b: {
        fontSize: 14,
        lineHeight: 22,
        align: "center",
        fontWeight: "bold",
      },
      d: {
        fontSize: 14,
        fontWeight: "bold",
        color: "ivory",
        backgroundColor: "black",
        padding: [3, 4],
        borderRadius: 4,
      },
    },
   },
  },
 ],
},
```

2. 可选配置项

可选配置项的值是一个数组，每个数组元素代表一个配置，代码如下：

```
options: [
  {                                    //2018 年 1 月 1 日的配置
   yAxis: {                           //条形图的 y 轴上显示监测站编码
    data: [
        "NJ01", "XA01", "HRB01", "ZZ01", "SH01", "JN01", "HF01", "CD01", "HZ01",
        "CC01", "WLMQ01", "HK01", "SJZ01", "NN01", "MO01", "YC01", "WH01",
        "GZ01", "XN01", "CS01", "NC01", "TJ01", "SY01", "CQ01", "FZ01", "TY01",
        "BJ01", "HHHT01", "HK01", "GY01", "LZ01", "LS01", "TB01", "KM01",
        ],
    },
    series: [                         //数据系列组件
      {                               //条形图的数据
        data: [
            275, 238, 225, 198, 157, 155, 145, 142, 141, 133, 122, 114, 112,
            109, 108, 107, 103, 102, 99, 98, 98, 98, 97, 94, 87, 83, 78, 76, 68,
            48, 40, 38, 34, 33,
          ],
      },
      {                               //饼图的数据
        data: [
          {name: "优", value: [0, 5]},
          {name: "良", value: [51, 11]},
          {name: "轻度污染", value: [101, 12]},
          {name: "中度污染", value: [151, 3]},
          {name: "重度污染", value: [201, 3]},
          ],
```

```
      },
    ],
  },
  {                                      //2018 年 1 月 2 日的配置
    yAxis: {
      data: [
        "XA01", "ZZ01", "HF01", "JN01", "WLMQ01", "CD01", "SJZ01", "GZ01",
        "CS01", "WH01", "HZ01", "CQ01", "NN01", "XN01","HRB01", "NC01", "TY01",
        "HK01", "NJ01", "MO01", "SH01", "LZ01", "FZ01", "YC01", "TJ01", "BJ01",
        "SY01", "HK01", "GY01", "CC01", "LS01", "TB01", "HHHT01", "KM01",
      ],
    },
    series: [
      {
        data: [
          278, 168, 166, 165, 141, 138, 114, 109, 109, 108, 108, 106, 104,
          103, 101, 93, 91, 87, 82, 73, 72, 61, 60, 60, 58, 54, 53, 52, 48,
          41, 39, 35, 34, 27,
        ],
      },
      {
        data: [
          {name: "优", value: [0, 6]},
          {name: "良", value: [51, 13]},
          {name: "轻度污染", value: [101, 11]},
          {name: "中度污染", value: [151, 3]},
          {name: "重度污染", value: [201, 1]},
        ],
      },
    ],
  },
  {                                      //2018 年 1 月 3 日的配置
    yAxis: {
      data: [
        "XA01", "SJZ01", "WLMQ01", "GZ01", "NN01", "WH01", "XN01", "CQ01",
        "LZ01", "CS01", "HK01", "ZZ01", "CD01", "TY01", "HZ01", "SY01", "NC01",
        "JN01", "CC01", "FZ01", "YC01", "HF01", "HRB01", "MO01", "HHHT01",
        "HK01", "SH01", "LS01", "TJ01", "KM01", "NJ01", "TB01", "GY01", "BJ01",
      ],
    },
    series: [
      {
        data: [
          191, 124, 110, 93, 91, 91, 91, 87, 87, 70, 65, 64, 62, 62, 59, 59,
          58, 56, 53, 52, 50, 48, 48, 47, 47, 45, 42, 40, 38, 36, 36, 34, 24,
          23,
        ],
      },
      {
        data: [
```

```
        {name: "优", value: [0, 14]},
        {name: "良", value: [51, 17]},
        {name: "轻度污染", value: [101, 2]},
        {name: "中度污染", value: [151, 1]},
      ],
    },
   ],
  },
 ],
```

13.3.3　图表展示

使用浏览器打开 index.html,查看图表显示效果,如图 13.2 所示。在初始状态下,检查点位于坐标"2018-01-01"处,联动图表上显示的是该日的数据。由于启用了自动播放,等待2秒后,检查点将自动向右移动至坐标"2018-01-02"处,同时,联动图表上的数据自动更新为当日的数据。时间轴还支持自动循环播放,当检查点到达最后一个坐标"2018-01-03"时,下一步会重新回到起点位置,并开始新一轮播放,如此周而复始。

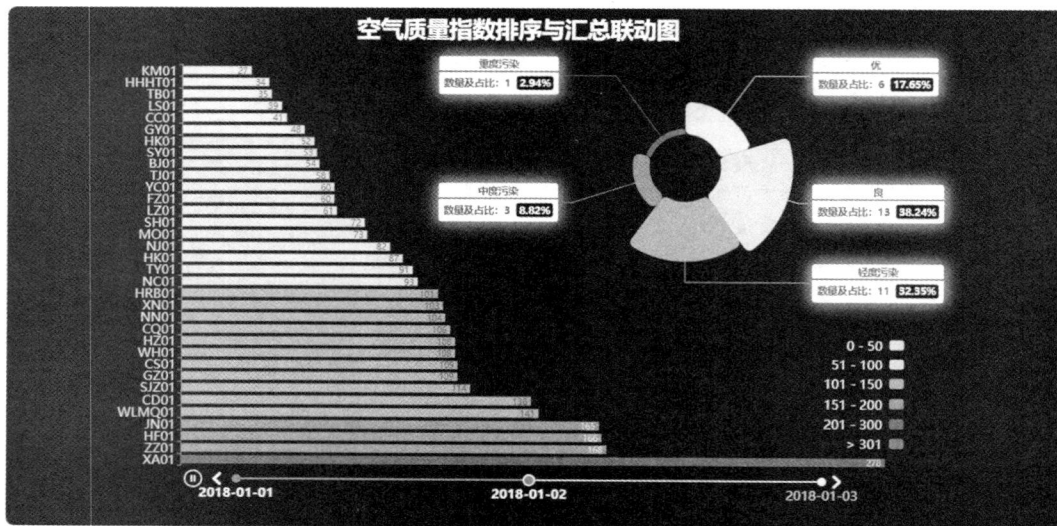

图 13.2　静态联动图表

13.4　动态联动图表

动态饼图可在动态饼图的基础上改造而成,改造过程包括准备工作、图表制作、图表展示3个阶段,下面分别介绍各阶段的具体工作。

13.4.1　准备工作

在本地复制一份动态饼图的项目文件夹,更名为 AirPollution_Linkage_Dynamic,作为项目根目录。

13.4.2 图表制作

1. 数据转换

数据转换的过程包括以下 3 个环节：①组装 JSON 字符串；②发布 JSON 数据接口；③测试 JSON 数据接口。下面分别介绍各环节的具体工作。

1）组装 JSON 字符串

向 preprocess.py 脚本中添加表 13.4 所示的 4 个函数，用于为条形图和饼图提供数据。

表 13.4 **preprocess.py 自定义函数**

函 数 名 称	参 数	返 回 值
transform(rawData)	rawData：原始数据	新数据，在原始数据基础上增加了 AQI
sortAQI(dct)	dct：监测站及其 AQI 的键值对	按照 AQI 排序后的键值对，用于实现条形图的排序效果
countAQI(barData)	barData：条形图的数据体	饼图的数据体，通过对条形图的数据进行分类汇总得到
getBarJSON(data)	data：新数据	JSON 字符串，用于条形图和饼图

preprocess.py 的完整内容如下：

```
from aqi import get_iaqi_pm25, get_iaqi_pm10, get_iaqi_so2, get_iaqi_no2, get_
iaqi_co, get_iaqi_o3, get_aqi, get_aqi_class
from model import getData
import json

def transform(rawData):
    newData = []
    for station in rawData:
        staCode = station[0]
        value_pm25 = station[1]
        value_pm10 = station[2]
        value_so2 = station[3]
        value_no2 = station[4]
        value_co = station[5]
        value_o3 = station[6]
        iaqi_pm25 = get_iaqi_pm25(value_pm25)
        iaqi_pm10 = get_iaqi_pm10(value_pm10)
        iaqi_so2 = get_iaqi_so2(value_so2)
        iaqi_no2 = get_iaqi_no2(value_no2)
        iaqi_co = get_iaqi_co(value_co)
        iaqi_o3 = get_iaqi_o3(value_o3)
        staAqi = get_aqi(iaqi_pm25, iaqi_pm10, iaqi_so2, iaqi_no2, iaqi_co, iaqi_o3)
        aqi_class = get_aqi_class(staAqi)
        lst = [staCode, value_pm25, value_pm10, value_so2, value_no2, value_co,
        value_o3, staAqi]
        newData.append(lst)
```

```python
        return newData

def sortAQI(dct):
    sortedDct = {}
    barData = {}
    sortedLst = list(dct.items())
    sortedLst.sort(key = lambda x : x[1], reverse = True)
    for item in sortedLst:
        staCode, staAqi = item[0], item[1]
        sortedDct[staCode] = staAqi
    barData = {'name': list(sortedDct.keys()), 'value': list(sortedDct.values())}
    return barData

def countAQI(barData):
    pieData = []
    count_A = 0
    count_B = 0
    count_C = 0
    count_D = 0
    count_E = 0
    count_F = 0
    aqi_values = barData['value']
    for item in aqi_values:
        if 0 <= item <= 50:
            count_A += 1
        if 51 <= item <= 100:
            count_B += 1
        if 101 <= item <= 150:
            count_C += 1
        if 151 <= item <= 200:
            count_D += 1
        if 201 <= item <= 300:
            count_E += 1
        if item > 301:
            count_F += 1
    pieData = [{'name': '优', 'value': [0, count_A]}, {'name': '良', 'value': [51,
    count_B]}, {'name': '轻度污染', 'value': [101, count_C]}, {'name': '中度污染',
    'value': [151, count_D]}, {'name': '重度污染', 'value': [201, count_E]}]
    return pieData

def getBarJSON(data):
    returnDct = {}
    dct = {}
    for station in data[0 : 34]:
        staCode = station[0]
        staAqi = station[-1]
        dct[staCode] = staAqi
    barData = sortAQI(dct)
    pieData = countAQI(barData)
    returnDct['day01'] = barData
```

```
returnDct['day01']['pie'] = pieData
for station in data[34 : 68] :
    staCode = station[0]
    staAqi = station[-1]
    dct[staCode] = staAqi
barData = sortAQI(dct)
pieData = countAQI(barData)
returnDct['day02'] = barData
returnDct['day02']['pie'] = pieData
for station in data[68 : 102] :
    staCode = station[0]
    staAqi = station[-1]
    dct[staCode] = staAqi
barData = sortAQI(dct)
pieData = countAQI(barData)
returnDct['day03'] = barData
returnDct['day03']['pie'] = pieData
return json.dumps(returnDct, ensure_ascii = False)
```

2) 发布 JSON 数据接口

向 server.py 中添加视图函数 json_for_linkage()，在视图函数中构造 SQL 查询语句，先调用 model.py 中的 getData()函数，执行查询、返回目标数据；再调用 preprocess.py 中的 transform()函数，将计算得到的 AQI 加入目标数据；然后调用 getBarJSON()函数，将目标数据组装成 JSON 字符串；最后，利用装饰器将 URL 规则/json_for_linkage 与该函数进行绑定。json_for_linkage()函数的定义如下：

```
@app.route('/json_for_linkage')
def json_for_linkage():
    sql = '''
    SELECT station, pm25, pm10, so2, no2, co, o3
    FROM
    airpollution
    WHERE (station = 'HI01'
    OR station = 'NN01'
    OR station = 'MO01'
    OR station = 'HK01'
    OR station = 'GZ01'
    OR station = 'KM01'
    OR station = 'TB01'
    OR station = 'GY01'
    OR station = 'FZ01'
    OR station = 'CS01'
    OR station = 'NC01'
    OR station = 'CQ01'
    OR station = 'LS01'
    OR station = 'CH01'
    OR station = 'WH01'
    OR station = 'HZ01'
    OR station = 'SH01'
```

```
OR station = 'HF01'
OR station = 'NJ01'
OR station = 'XA01'
OR station = 'ZZ01'
OR station = 'LZ01'
OR station = 'XN01'
OR station = 'JN01'
OR station = 'TY01'
OR station = 'SJZ01'
OR station = 'YI01'
OR station = 'TJ01'
OR station = 'BJ01'
OR station = 'HHHT01'
OR station = 'SY01'
OR station = 'WLMQ01'
OR station = 'CC01'
OR station = 'HRB01')
AND date in ('2018-01-01 00:00:00', '2018-01-02 00:00:00', '2018-01-03 00:00:00')
ORDER BY date
'''

rawData = getData(sql)
newData = transform(rawData)
return getBarJSON(newData)
```

3）测试 JSON 数据接口

启动 Flask 开发服务器，在浏览器中访问 URL "http://127.0.0.1:5000/json_for_linkage"，如果能够看到图 13.3 所示的页面，说明数据接口发布正常。

图 13.3　JSON 数据接口页面

2. 数据加载

在 static/JS 目录下新建 linkage.js 脚本，添加联动图表实例初始化语句及 ajax()方法框架，代码如下：

```
letchartsContainer = $("#linkage")[0]
letmyCharts = echarts.init(chartsContainer, null, {renderer: "svg"})
let linkage_day01 = {}
let linkage_day02 = {}
```

```
let linkage_day03 = {}
$.ajax({
    url: '/json_for_linkage',
    method: 'GET',
    dataType: 'json',
    success: function (data) {
        linkage_day01 = data.day01;
        linkage_day02 = data.day02;
        linkage_day03 = data.day03;
        ...                    //省略部分代码
    },
    error: function (msg) {console.log(msg)}
})
...                            //省略部分代码
```

3. 数据渲染

在静态联动图表配置的基础上,将 series 组件的 data 属性值由常量修改为变量,即可得到动态联动图表的配置。linkage.js 的完整内容如下:

```
let chartsContainer = $("#linkage")[0]
let myCharts = echarts.init(chartsContainer, null, {renderer: "svg"})
let linkage_day01 = {}
let linkage_day02 = {}
let linkage_day03 = {}
$.ajax({
  url: "/json_for_linkage",
  method: "GET",
  dataType: "json",
  success: function (data) {
    linkage_day01 = data.day01;
    linkage_day02 = data.day02;
    linkage_day03 = data.day03;
    let barOption = {
      baseOption: {
        timeline: {
          axisType: "category",
          autoPlay: true,
          playInterval: 2000,
          bottom: "5%",
          lineStyle: {
            color: "ivory",
          },
          label: {
            color: "lightgray",
            fontSize: 18,
          },
          itemStyle: {
            color: "ivory",
          },
```

```
          checkpointStyle: {
            borderColor: "ivory",
          },
          controlStyle: {
            color: "ivory",
            borderColor: "ivory",
          },
          progress: {
            label: {
              color: "ivory",
              fontSize: 18,
              fontWeight: "bolder",
            },
          },
          data: ["2018-01-01", "2018-01-02", "2018-01-03"],
        },
        title: {
          text: "空气质量指数排序与汇总联动图",
          textStyle: {
            fontSize: 32,
            color: "ivory",
          },
          left: "center",
        },
        tooltip: {
          trigger: "item",
        },
        grid: {
          top: "10%",
          left: "20%",
          width: "68%",
          height: "78%",
          containLabel: true,
        },
        xAxis: {
          show: false,
          axisLabel: {
            interval: 0,
            color: "lightgray",
            fontSize: 18,
          },
        },
        yAxis: {
          axisLabel: {
            interval: 0,
            color: "lightgray",
            fontSize: 18,
          },
          data: [],
        },
```

```
visualMap: {
  type: "piecewise",
  dimension: 0,
  pieces: [
    {min: 0, max: 50, color: "lime"},
    {min: 51, max: 100, color: "#fcce10"},
    {min: 101, max: 150, color: "#e87c25"},
    {min: 151, max: 200, color: "red"},
    {min: 201, max: 300, color: "purple"},
    {min: 301, color: "brown"},
  ],
  right: "15%",
  bottom: "15%",
  textStyle: {
    color: "ivory",
    fontSize: 18,
  },
  inverse: true,
},
series: [
  {
    name: "AQI",
    type: "bar",
    label: {
      show: true,
      position: "insideRight",
    },
  },
  {
    name: "数量及占比",
    type: "pie",
    center: ["65%", "30%"],
    radius: [50, 150],
    roseType: "area",
    encode: {
      value: [1],
    },
    itemStyle: {
      borderRadius: 8,
    },
    label: {
      alignTo: "labelLine",
      backgroundColor: "ivory",
      borderRadius: 4,
      shadowColor: "lightgray",
      shadowBlur: 20,
      formatter: "{b|{b}}{abg|}\n{hr|}\n {a|{a}: {@[1]}}{d|{d}%} ",
      rich: {
        a: {
          fontSize: 14,
```

```
            fontWeight: "bold",
            lineHeight: 33,
          },
          hr: {
            borderColor: "black",
            width: "100%",
            borderWidth: 1,
            height: 0,
          },
          b: {
            fontSize: 14,
            lineHeight: 22,
            align: "center",
            fontWeight: "bold",
          },
          d: {
            fontSize: 14,
            fontWeight: "bold",
            color: "ivory",
            backgroundColor: "black",
            padding: [3, 4],
            borderRadius: 4,
          },
        },
      },
    },
  ],
},
options: [
  {
    yAxis: {
      data: linkage_day01.name,
    },
    series: [
      {
        data: linkage_day01.value,
      },
      {
        data: linkage_day01.pie,
      },
    ],
  },
  {
    yAxis: {
      data: linkage_day02.name,
    },
    series: [
      {
        data: linkage_day02.value,
      },
```

```
      {
        data: linkage_day02.pie,
      },
    ],
  },
  {
    yAxis: {
      data: linkage_day03.name,
    },
    series: [
      {
        data: linkage_day03.value,
      },
      {
        data: linkage_day03.pie,
      },
    ],
  },
],
};
    setTimeout(() =>{
      myCharts.setOption(barOption);
      myCharts.hideLoading();
    }, 1000);
  },
  error: function (msg) {
    console.log(msg);
  },
})
```

13.4.3 图表展示

运行 server.py,启动 Flask 开发服务器,在浏览器中访问 URL"http://127.0.0.1: 5000/",将看到图 13.4 所示的页面效果。

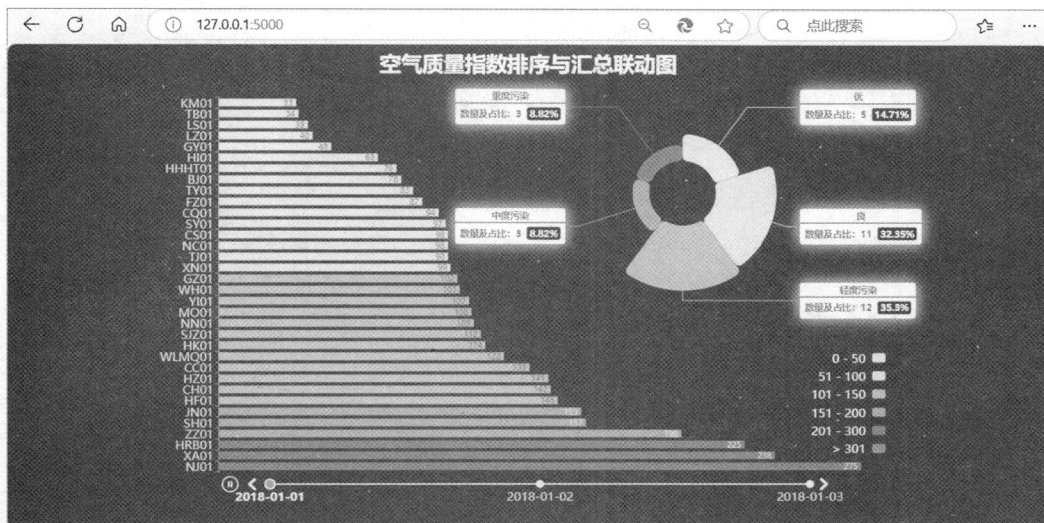

扫一扫

看彩图

图 13.4 动态联动图表

本章小结

　　本章以"空气质量指数排序与汇总联动图"为例，详细介绍了 ECharts 多图表联动的实现方法。通过本章的学习，读者应了解联动图表的概念、特点和应用场景，了解 ECharts 时间轴组件的常用属性，掌握 ECharts 时间轴组件的基本用法，掌握利用 Web 前端开发技术制作静态联动图表的方法，掌握综合利用 Web 前后端开发技术制作动态联动图表的方法，为开发基于 ECharts 联动图表的数据可视化应用程序奠定技术基础。

习题 13

扫一扫

习题

扫一扫

自测题

第 **14** 章

数据大屏

学习目标

(1) 了解数据大屏的概念、特点和应用场景。

(2) 了解数据大屏设计的一般原则和流程。

(3) 掌握数据大屏设计的基本方法。

(4) 掌握利用 Web 前端开发技术制作静态数据大屏的方法。

(5) 掌握综合利用 Web 前后端开发技术制作动态数据大屏的方法。

14.1 数据大屏简介

数据大屏,又称为"商业智能仪表盘"或"一张图系统",是数据可视化应用系统流行的产品形态。数据大屏本质上是将多个信息图表整合在一个页面上的单页应用,能够在统一的界面上展示在时空上存在关联的多维数据,是向用户展示关键绩效指标的数据可视化工具。由于数据大屏具有信息量大、集成度高、视觉效果好、支持多维分析等优势,所以,被广泛应用于商业智能、业务监控、辅助决策、风险预警、地理分析、会议展览等多种应用场景中。

扫一扫

视频讲解

14.2 数据大屏设计方法

14.2.1 设计原则

一款设计良好的数据大屏作品不是图表的简单堆砌,而是兼具科学性与艺术性的软件工程产品,需要通过系统性、规范化的设计,才能满足应用需求。数据大屏的设计原则主要包括需求导向、系统集成、科学布局、合理搭配、用户友好。

1. 需求导向

数据大屏是为业务服务的,业务场景不同,则大屏呈现的关键绩效指标和展示组件也不相同。因此,大屏的设计包括图表选型、排版布局、色彩搭配、交互设计等各方面,都应当符合业务场景的实际需求,实现规范化与个性化的有机统一。

2. 系统集成

系统集成包括数据集成和图表集成两层含义。其中,数据集成是指大屏应当具有单一的数据源并确保数据的完整性,从而保证报表结果的一致性、可靠性和可用性。图表集成是指图表之间应当具有互为佐证、互为补充的关系,使大屏从内在逻辑和外观样式上都是一个有机统一的整体。

3. 科学布局

大屏布局不仅影响用户的视觉体验,还将引导用户观察与思考的过程,因此,布局设计应注重科学性与艺术性的有机统一。科学布局要求主题突出、层次分明。在设计时,通常把主要指标放在页面中部的醒目位置,而把次要指标放在四周或角落等次要位置。图14.1所示为一种数据大屏的经典版式,该设计方案将核心信息显示在页面中央,且占据较大版面,营造了一个视觉焦点区域;次要信息分布在两侧的次要位置上;主要信息则位于核心区域与次要位置的过渡部位。这种分层设计不仅能够突出主题,而且能够引导用户的观察和思考进程。用户在观察大屏的过程中,会首先关注核心区域的信息;经过一段时间的思考,在理解大屏主旨与展示逻辑之后,会逐步将注意力从核心信息转移至两侧的主要信息和次要信息上。

图 14.1　数据大屏经典版式

4. 合理搭配

首先,要考虑图表的合理搭配。大屏上应提供能够表达"比较、分布、联系、构成"4类关系的图表,以全面反映指标的特征,表14.1对这4类关系的内涵及典型图表进行了说明。

表 14.1　4类关系及典型图表

关系	说　　明	典　型　图　表
比较	指标不同类别之间的比较	条形图、折线图
分布	指标的时空分布或概率分布状态	热力图、仪表盘
联系	指标之间的相关性	散点图、平行坐标图
构成	指标的部分与整体之间的关系	饼图、雷达图

其次,要考虑色彩的合理搭配。在选择背景色时,一般遵循深色调和一致性原则,即对于大屏整体及各个图表的背景均使用深色调,这是因为深色调具有较高的视觉重量,容易营造视觉焦点,从而使前景更加醒目。在选择前景色时,要与背景色形成鲜明对比,当背景为

深色调时,前景应选择浅色调;另外,对于不同类别的数据,应使用对比强烈的颜色搭配;而对于同类数据,则使用相近的颜色。

5. 用户友好

在设计大屏的图形界面和交互效果时,应尊重用户的习惯和体验,从用户的角度出发,提升产品的易读性、易理解性、交互性和用户友好特性。例如,在动态大屏中,数据的加载和刷新过程通常会有一定的延迟,可以考虑在这些时段使用过渡动画,将有助于缓解用户的焦虑情绪,从而改善用户体验。

14.2.2 设计流程

数据大屏设计的一般流程如下。

(1)需求分析:对业务场景进行调研,确定系统的功能需求,并完成基础数据采集工作。

(2)指标抽取:根据需求,从"比较、分布、联系、构成"角度,对基础数据进行分析,抽取系统拟呈现的数据关系,即关键绩效指标,并将关键绩效指标分为主要指标、次要指标和辅助指标。

(3)图表选型:为各项指标选择合适的信息图表;分析各个图表的数据需求,若基础数据不能充分满足图表要求,则需考虑补充数据。

(4)界面设计:设计大屏的整体布局;设计各图表的外观样式;设计人机交互效果。

14.2.3 项目实战

本节以"空气质量监测数据可视化平台"为例,介绍数据大屏的设计过程,包括需求分析、指标抽取、图表选型和界面设计 4 个阶段。

1. 需求分析

"空气质量监测数据可视化平台"是一个综合性的数据可视化应用开发项目。开发"空气质量监测数据可视化平台"的目的是展示空气质量指数的时空分布状态,为大气污染态势分析提供辅助工具。基础数据继续使用在前期任务中创建的 airpollution 数据库。

2. 指标抽取

根据需求,确定了 5 个关键绩效指标,如表 14.2 所示。指标之间的逻辑关系如下:K1 为主要指标,是对基本情况的描述;K2、K3、K4、K5 为次要指标,是对 K1 的分析和解释。

表 14.2 关键绩效指标说明

指标编码	指标名称	指标类别
K1	空气质量指数的排序与分类汇总	主要指标
K2	空气质量指数的最低值与最高值	次要指标
K3	空气质量指数与风速的关系	次要指标
K4	空气质量指数的构成情况	次要指标
K5	空气质量观测记录之间的聚类关系	次要指标

3. 图表选型

为 5 个关键绩效指标选择合适的图表，并分析数据需求，如表 14.3 所示。为了适当减少工作量，本例仅使用 2018 年 1 月 1 日至 3 日的观测数据。

表 14.3　图表选型说明

指标编码	图表选型	数据需求
K1	条形图、饼图	34 个监测站的空气质量指数
K2	仪表盘	34 个监测站的空气质量指数
K3	散点图	34 个监测站的空气质量指数、二分量风速
K4	雷达图	34 个监测站的空气质量指数及 6 个分指数
K5	平行坐标图	34 个监测站的空气质量指数及 6 种污染物的日均值

4. 界面设计

本例的界面设计效果如图 14.2 所示。页面上分布着 6 个图表：居中显示的条形图和饼图，展示系统的主要指标——空气质量指数的排序与分类汇总结果；左上方的仪表盘，展示空气质量指数的最低值与最高值；左下方的散点图，展示空气质量指数与风速绝对值的关系；右上方的雷达图，展示空气质量指数的构成情况；右下方的平行坐标图，展示空气质量观测记录之间的聚类关系。所有图表都在时间轴的驱动下，循环显示 2018 年 1 月 1 日至 3 日的观测数据。

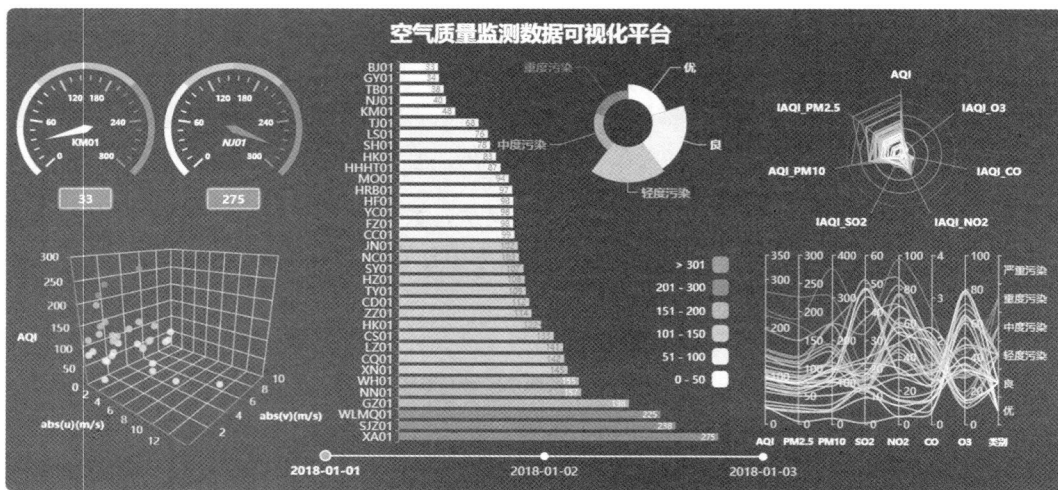

图 14.2　空气质量监测数据可视化平台设计效果

14.3　静态大屏制作

数据大屏同样支持静态和动态两种实现方式。本节主要介绍静态大屏的制作方法，包括准备工作、图表制作和大屏展示 3 个环节。

14.3.1 准备工作

准备工作阶段主要包括如下 4 个环节：①创建项目目录结构；②准备 HTML 文档；③设置元素样式；④数据准备。下面介绍各环节的具体工作。

1. 创建项目目录结构

创建项目根目录 AirPollution_Dashboard_Static，并在根目录下分别创建 CSS 和 JS 目录，用于存放 CSS 文档和 JavaScript 脚本。将库文件 echarts.js 和 echarts-gl.min.js 放在 JS 目录下。

2. 准备 HTML 文档

在项目根目录下新建 index.html 文档，作为项目主页。在 head 标签中添加对 JS/echarts.js、JS/echarts-gl.min.js、CSS/main.css 的引用。在 body 标签中添加 5 个 div 元素，分别用于容纳仪表盘、散点图、条形图、饼图、雷达图和平行坐标图，其中，条形图和饼图位于同一个 div 容器中。最后，在 body 标签中添加对 5 个 JS 脚本的引用，条形图和饼图写在一个脚本 bar.js 中。index.html 的内容如下：

```
<!DOCTYPE html>
<html lang="en">

<head>
    <meta charset="UTF-8">
    <meta http-equiv="X-UA-Compatible" content="IE=edge">
    <meta name="viewport" content="width=device-width, initial-scale=1.0">
    <script src="JS/echarts.js"></script>
    <script src="JS/echarts-gl.min.js"></script>
    <link rel="stylesheet" href="CSS/main.css">
    <title>空气质量监测数据可视化平台</title>
</head>

<body>
    <div id="gauge"></div>
    <div id="scatter3D"></div>
    <div id="bar"></div>
    <div id="radar"></div>
    <div id="parallel"></div>
    <script src="JS/gauge.js"></script>
    <script src="JS/scatter3D.js"></script>
    <script src="JS/bar.js"></script>
    <script src="JS/radar.js"></script>
    <script src="JS/parallel.js"></script>
</body>

</html>
```

3. 设置元素样式

在 AirPollution_Dashboard_Static/CSS 目录下新建 main.css 文档，设置每个 div 容器的尺寸和位置，内容如下：

```css
body {
    background-color: black;
}

#gauge {
    position: absolute;
    top: 10%;
    width: 40%;
    height: 50%;
}

#scatter3D {
    position: absolute;
    top: 40%;
    width: 35%;
    height: 50%;
}

#bar {
    position: absolute;
    left: 27%;
    width: 60%;
    height: 100%;
}

#radar {
    position: absolute;
    top: 10%;
    left: 67%;
    width: 40%;
    height: 50%;
}

#parallel {
    position: absolute;
    top: 35%;
    left: 70%;
    width: 30%;
    height: 63%;
}
```

4. 数据准备

表 14.4 给出了每个图表数据系列组件支持的数据格式。其中的"AQI""频次统计""IAQI"等数据未在基础数据中提供，可以利用前文介绍的方法计算得到。

表 14.4　各图表数据系列组件支持的数据格式

图　　表	数 据 格 式
仪表盘	[{"name":"监测站代码","value":[AQI]},...]
散点图	[[纬向风速的绝对值,经向风速的绝对值,AQI],...]
条形图	[AQI,...]

图　　表	数 据 格 式
饼图	[{name:"优",value:[0,频次统计]},…]
雷达图	[{"name":"监测站代码","value":[AQI,IAQI_PM2.5,IAQI_PM10,IAQI_SO2,IAQI_NO2,IAQI_CO,IAQI_O3]},…]
平行坐标图	[{"name":"监测站代码","value":[PM2.5 浓度,PM10 浓度,SO2 浓度,NO2 浓度,CO 浓度,O3 浓度,AQI,"AQI 类别"]},…]

14.3.2　图表制作

本例中用到了仪表盘、散点图、条形图、饼图、雷达图和平行坐标图 6 个图表,下面分别介绍每个图表的制作方法。

1. 仪表盘

在 AirPollution_Dashboard_Static/JS 目录下新建 gauge.js 脚本,用于创建仪表盘,展示 2018 年 1 月 1 日至 3 日每日空气质量指数的最低值和最高值。由于需要使用时间轴组件实现自动播放,所以,仪表盘的配置中需要分别设置基础配置项和可选配置项。gauge.js 的完整内容如下:

```
let gContainer = document.getElementById("gauge");
let myGauge = echarts.init(gContainer, null, {renderer: "svg"});
let gaugeOption = {
  baseOption: {
    timeline: {
      show: false,
      axisType: "category",
      currentIndex: 0,
      autoPlay: true,
      playInterval: 2000,
      data: ["2018-01-01", "2018-01-02", "2018-01-03"],
    },
    series: [
      {
        name: "AQI",
        type: "gauge",
        center: ["20%", "30%"],
        radius: "55%",
        min: 0,
        max: 300,
        splitNumber: 5,
        axisLine: {
          lineStyle: {
            color: [
              [0.17, "lime"],
              [0.33, "#fcce10"],
```

```
                [0.5, "#e87c25"],
                [0.67, "red"],
                [1, "purple"],
              ],
          },
        },
        axisTick: {
          length: 8,
          lineStyle: {
            width: 2,
            color: "auto",
          },
        },
        axisLabel: {
          fontWeight: "bolder",
          fontSize: 12,
          color: "white",
        },
        splitLine: {
          length: 18,
          lineStyle: {
            width: 3,
            color: "auto",
          },
        },
        pointer: {
          itemStyle: {
            color: "auto",
          },
        },
        title: {
          textStyle: {
            fontWeight: "bcld",
            fontSize: 14,
            color: "white",
          },
        },
        detail: {
          width: 54,
          height: 18,
          backgroundColor: "blue",
          borderWidth: 1,
          borderColor: "white",
          shadowColor: "white",
          shadowBlur: 5,
          offsetCenter: [0, "105%"],
          textStyle: {
```

```
          fontWeight: "bolder",
          fontSize: 18,
          color: "white",
        },
      },
    },
    {
      name: "AQI",
      type: "gauge",
      min: 0,
      max: 300,
      splitNumber: 5,
      center: ["60%", "30%"],
      radius: "55%",
      axisLine: {
        lineStyle: {
          color: [
            [0.17, "lime"],
            [0.33, "#fcce10"],
            [0.5, "#e87c25"],
            [0.67, "red"],
            [1, "purple"],
          ],
        },
      },
      axisTick: {
        length: 8,
        lineStyle: {
          width: 2,
          color: "auto",
        },
      },
      axisLabel: {
        fontWeight: "bold",
        color: "white",
      },
      splitLine: {
        length: 18,
        lineStyle: {
          width: 3,
          color: "auto",
        },
      },
      pointer: {
        itemStyle: {
          color: "auto",
```

```
        },
      },
    title: {
      textStyle: {
        fontWeight: "bold",
        fontSize: 14,
        color: "blue",
        fontStyle: "italic",
        color: "white",
      },
      top: "105%",
    },
    detail: {
      width: 54,
      height: 18,
      backgroundColor: "blue",
      borderWidth: 1,
      borderColor: "white",
      shadowColor: "white",
      shadowBlur: 5,
      offsetCenter: [0, "105%"],
      textStyle: {
        fontWeight: "bolder",
        fontSize: 18,
        color: "white",
      },
    },
    },
  ],
},
options: [
  {
    series: [
      {
        data: [{value: 33, name: "KM01"}],
      },
      {
        data: [{value: 275, name: "NJ01"}],
      },
    ],
  },
  {
    series: [
      {
        data: [{value: 27, name: "KM01"}],
      },
```

```
        {
          data: [{value: 278, name: "XA01"}],
        },
      ],
    },
    {
      series: [
        {
          data: [{value: 23, name: "BJ01"}],
        },
        {
          data: [{value: 191, name: "XA01"}],
        },
      ],
    },
  ],
};
myGauge.setOption(gaugeOption);
```

2. 散点图

在 AirPollution_Dashboard_Static/JS 目录下新建 scatter3D.js 脚本，用于创建三维散点图，展示 2018 年 1 月 1 日至 3 日 34 个监测站的空气质量指数与风速绝对值的关系。scatter3D.js 的完整内容如下：

```
let scContainer = document.getElementById("scatter3D");
let myScatter3D = echarts.init(scContainer);
let scOption = {
  baseOption: {
    timeline: {
      show: false,
      axisType: "category",
      currentIndex: 0,
      autoPlay: true,
      playInterval: 2000,
      data: ["2018-01-01", "2018-01-02", "2018-01-03"],
    },
    tooltip: {
      formatter: "{c0}",
    },
    visualMap: {
      type: "piecewise",
      dimension: 2,
      pieces: [
        {min: 0, max: 50, color: "lime"},
        {min: 51, max: 100, color: "#fcce10"},
        {min: 101, max: 150, color: "#e87c25"},
        {min: 151, max: 200, color: "red"},
        {min: 201, max: 300, color: "purple"},
        {min: 301, color: "brown"},
```

```
        ],
        show: false,
      },
      grid3D: {
        width: "90%",
        height: "100%",
        axisLabel: {
          textStyle: {
            fontSize: 16,
            color: "ivory",
          },
        },
      },
      xAxis3D: {
        name: "abs(u)(m/s)",
        nameTextStyle: {
          fontWeight: "Bold",
          fontSize: 16,
          color: "ivory",
        },
      },
      yAxis3D: {
        name: "abs(v)(m/s)",
        nameTextStyle: {
          fontWeight: "Bold",
          fontSize: 16,
          color: "ivory",
        },
      },
      zAxis3D: {
        name: "AQI",
        nameTextStyle: {
          fontWeight: "Bold",
          fontSize: 16,
          color: "ivory",
        },
        nameGap: 30,
      },
      series: [
        {
          name: "AQI",
          type: "scatter3D",
        },
      ],
  },
  options: [...],                              //可选配置项部分内容省略
};
myScatter3D.setOption(scOption);
```

3. 条形图和饼图

在 AirPollution_Dashboard_Static/JS 目录下新建 bar.js 脚本,用于创建条形图和饼图,分别展示 2018 年 1 月 1 日至 3 日 34 个监测站空气质量指数的排序情况及分类汇总情况。考虑到饼图的幅面较小,故将其与条形图创建在同一个图表实例中。bar.js 的完整内容如下:

```javascript
let barContainer = document.getElementById("bar");
let myBar = echarts.init(barContainer, null, {renderer: "svg"});
let barOption = {
  baseOption: {
    timeline: {
      axisType: "category",
      currentIndex: 0,
      autoPlay: true,
      playInterval: 2000,
      left: "5%",
      right: "25%",
      bottom: "2%",
      lineStyle: {
        color: "ivory",
      },
      label: {
        color: "lightgray",
        fontSize: 18,
      },
      itemStyle: {
        color: "ivory",
      },
      checkpointStyle: {
        borderColor: "ivory",
      },
      controlStyle: {
        show: false,
      },
      progress: {
        label: {
          color: "ivory",
          fontSize: 18,
          fontWeight: "bolder",
        },
      },
      data: ["2018-01-01", "2018-01-02", "2018-01-03"],
    },
    title: {
      text: "空气质量监测数据可视化平台",
      textStyle: {
        color: "ivory",
        fontSize: 32,
      },
```

```
      left: "15%",
      top: "1%",
    },
    tooltip: {
      trigger: "item",
    },
    grid: {
      top: "10%",
      left: "17%",
      width: "55%",
      height: "80%",
      containLabel: true,
    },
    xAxis: {
      show: false,
      axisLabel: {
        interval: 0,
        color: "lightgray",
        fontSize: 18,
      },
    },
    yAxis: {
      axisLabel: {
        interval: 0,
        color: "lightgray",
        fontSize: 18,
      },
      data: [...],                              //数据部分省略
    },
    visualMap: {
      type: "piecewise",
      dimension: 0,
      pieces: [
        {min: 0, max: 50, color: "lime"},
        {min: 51, max: 100, color: "#fcce10"},
        {min: 101, max: 150, color: "#e87c25"},
        {min: 151, max: 200, color: "red"},
        {min: 201, max: 300, color: "purple"},
        {min: 301, color: "brown"},
      ],
      left: "57%",
      bottom: "21%",
      itemWidth: 25,
      itemHeight: 25,
      textStyle: {
        color: "ivory",
        fontSize: 16,
      },
    },
    series: [
```

```
        {
          name: "AQI",
          type: "bar",
          label: {
            show: true,
            position: "insideRight",
          },
        },
        {
          name: "分类汇总",
          type: "pie",
          center: ["53%", "23%"],
          radius: ["10%", "20%"],
          roseType: "area",
          encode: {
            value: 1,
          },
          tooltip: {
            formatter: "{b} : {d}%",
          },
          emphasis: {
            focus: "self",
          },
          label: {
            fontSize: 18,
            fontWeight: "bold",
            color: "auto",
          },
        },
      ],
    },
  options: [...],                          //可选配置项部分内容省略
};
myBar.setOption(barOption);
```

4. 雷达图

在 AirPollution_Dashboard_Static/JS 目录下新建 radar.js 脚本，用于创建雷达图，展示 2018 年 1 月 1 日至 3 日 34 个监测站空气质量指数的构成情况。radar.js 的完整内容如下：

```
let rdContainer = document.getElementById("radar");
let myRadar = echarts.init(rdContainer, null, {renderer: "svg"});
let rdOption = {
  baseOption: {
    timeline: {
      show: false,
      axisType: "category",
      currentIndex: 0,
      autoPlay: true,
      playInterval: 2000,
      data: ["2018-01-01", "2018-01-02", "2018-01-03"],
```

```
  },
radar: [
  {
    indicator: [
      {text: "AQI", max: 300},
      {text: "IAQI_PM2.5", max: 300},
      {text: "IAQI_PM10", max: 300},
      {text: "IAQI_SO2", max: 300},
      {text: "IAQI_NO2", max: 300},
      {text: "IAQI_CO", max: 300},
      {text: "IAQI_O3", max: 300},
    ],
    center: ["45%", "40%"],
    radius: 100,
    startAngle: 90,
    splitNumber: 5,
    shape: "circle",
    axisName: {
      formatter: "{value}",
      color: "ivory",
      fontSize: 16,
      fontWeight: "bold",
    },
    splitLine: {
      lineStyle: {
        color: [
          "rgba(254, 248, 239, 1)",
          "rgba(254, 248, 239, 0.8)",
          "rgba(254,248, 239, 0.6)",
          "rgba(254,248, 239, 0.4)",
          "rgba(254,248, 239, 0.2)",
          "rgba(254,248, 239, 0.1)",
        ],
      },
    },
    splitArea: {
      show: false,
    },
    axisLine: {
      lineStyle: {
        color: "rgba(238, 197, 102, 0.5)",
      },
    },
  },
],
visualMap: {
  show: false,
  type: "piecewise",
  dimension: 0,
  pieces: [
```

```
          {min: 0, max: 50, color: "lime"},
          {min: 51, max: 100, color: "#fcce10"},
          {min: 101, max: 150, color: "#e87c25"},
          {min: 151, max: 200, color: "red"},
          {min: 201, max: 300, color: "purple"},
          {min: 301, color: "brown"},
        ],
      },
      tooltip: {},
      series: [
        {
          type: "radar",
          symbol: "none",
          lineStyle: {
            width: 2,
          },
          emphasis: {
            lineStyle: {
              width: 4,
            },
          },
        },
      ],
    },
    options: [...],                              //可选配置项部分省略
};
myRadar.setOption(rdOption);
```

5. 平行坐标图

在 AirPollution_Dashboard_Static/JS 目录下新建 parallel.js 脚本,用于创建平行坐标
图,展示 2018 年 1 月 1 日至 3 日 34 个监测站空气质量观测记录之间的聚类关系。parallel.js
的完整内容如下:

```
let paraContainer = document.getElementById("parallel")
let myParallel = echarts.init(paraContainer, null, {renderer: "svg"})
let paraOption = {
  baseOption: {
    timeline: {
      show: false,
      axisType: 'category',
      currentIndex: 0,
      autoPlay: true,
      playInterval: 2000,
      data: [
        '2018-01-01',
        '2018-01-02',
        '2018-01-03']
    },
    parallel: {
```

```
            left: '3%',
            top: '25%',
            bottom: '20%',
            parallelAxisDefault: {
                nameLocation: 'start',
                nameTextStyle: {
                    color: 'ivory',
                    fontSize: 14,
                    fontWeight: 'bold'
                },
                nameGap: 20,
                splitNumber: 5,
                axisLine: {
                    lineStyle: {
                        color: 'lightgray'
                    },
                },
                axisTick: {
                    lineStyle: {
                        color: 'lightgray'
                    }
                },
                axisLabel: {
                    color: 'lightgray',
                    fontSize: 16
                }
            }
        },
        parallelAxis: [
            {
                dim: 6,
                name: 'AQI',
                min: 0,
                max: 350
            },
            {
                dim: 0,
                name: 'PM2.5',
                min: 0,
                max: 300
            },
            {
                dim: 1,
                name: 'PM10',
                min: 0,
                max: 400
            },
            {
                dim: 2,
                name: 'SO2',
```

```
      min: 0,
      max: 60
    },
    {
      dim: 3,
      name: 'NO2',
      min: 0,
      max: 100
    },
    {
      dim: 4,
      name: 'CO',
      min: 0,
      max: 4
    },
    {
      dim: 5,
      name: 'O3',
      min: 0,
      max: 100
    },
    {
      dim: 7,
      type: 'category',
      name: '类别',
      data: ['优', '良', '轻度污染', '中度污染', '重度污染', '严重污染']
    }
  ],
  visualMap: {
    show: false,
    type: 'piecewise',
    dimension: 6,
    pieces: [
      {min: 0, max: 50, color: 'lime'},
      {min: 51, max: 100, color: '#fcce10'},
      {min: 101, max: 150, color: '#e87c25'},
      {min: 151, max: 200, color: 'red'},
      {min: 201, max: 300, color: 'purple'},
      {min: 301, color: 'brown'}
    ]
  },
  tooltip: {},
  series: [
    {
      name: 'AQI',
      type: 'parallel',
      lineStyle: {
        width: 2,
        opacity: 0.8
      },
```

```
        smooth: true
      },
    ]
  },
  options: [...]                                    //可选配置项部分省略
}
myParallel.setOption(paraOption)
```

14.3.3　大屏展示

使用浏览器打开 index.html，查看数据大屏显示效果，如图 14.3 所示。

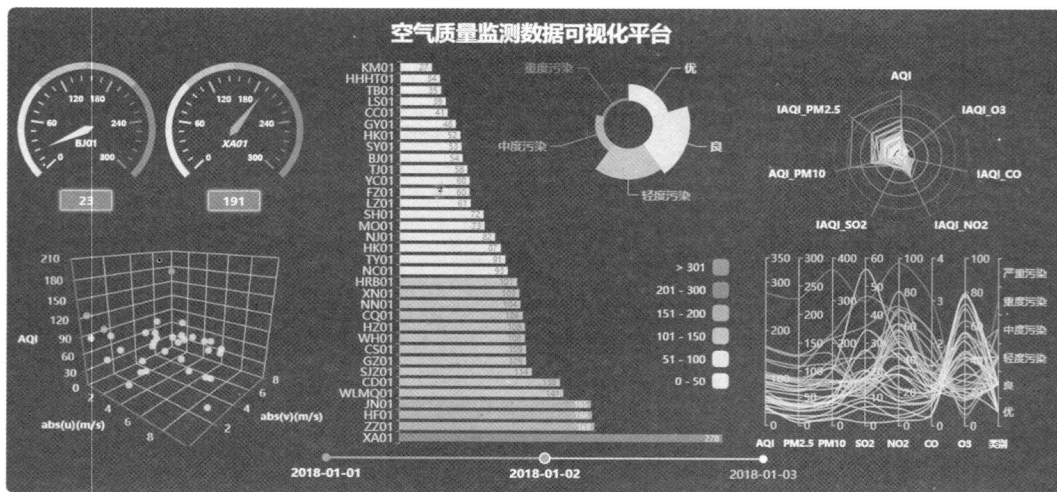

图 14.3　静态数据大屏

14.4　动态大屏制作

动态大屏可在动态联动图表的基础上改造而成，改造过程主要包括准备工作、图表制作和大屏展示 3 个环节。

14.4.1　准备工作

在本地复制一份动态联动图表的项目文件夹，更名为 AirPollution_Dashboard_Dynamic，作为项目根目录。

14.4.2　图表制作

1. 数据转换

数据转换的过程包括以下 3 个环节：①组装 JSON 字符串；②发布 JSON 数据接口；③测试 JSON 数据接口。下面分别介绍各环节的具体工作。

1）组装 JSON 字符串

向 preprocess.py 脚本中添加表 14.5 所示的 7 个函数，用于为 5 个图表提供数据。

表 14.5　preprocess.py 自定义函数列表

函　数　名　称	参　　　数	返　回　值
transform(rawData)	rawData：原始数据	新数据，在原始数据基础上增加了 IAQI、AQI、AQI 类别等 8 个新字段
sortAQI(dct)	dct：监测站及其 AQI 的键值对	按照 AQI 排序后的键值对，用于实现条形图的排序效果
countAQI(barData)	barData：条形图的数据体	饼图的数据体，通过对条形图的数据进行分类汇总得到
getGaugeJSON(data)	data：新数据	JSON 字符串，用于仪表盘
getScatter3DJSON(data)	data：新数据	JSON 字符串，用于三维散点图
getBarJSON(data)	data：新数据	JSON 字符串，用于条形图和饼图
getRadarJSON(data)	data：新数据	JSON 字符串，用于雷达图
getParaJSON(data)	data：新数据	JSON 字符串，用于平行坐标图

preprocess.py 的完整内容如下：

```python
from aqi import get_iaqi_pm25, get_iaqi_pm10, get_iaqi_so2, get_iaqi_no2, get_
iaqi_co, get_iaqi_o3, get_aqi, get_aqi_class
from model import getData
import json

def transform(rawData):
    newData = []
    for station in rawData:
        staCode = station[0]
        value_pm25 = station[1]
        value_pm10 = station[2]
        value_so2 = station[3]
        value_no2 = station[4]
        value_co = station[5]
        value_o3 = station[6]
        value_u = station[7]
        value_v = station[8]
        iaqi_pm25 = get_iaqi_pm25(value_pm25)
        iaqi_pm10 = get_iaqi_pm10(value_pm10)
        iaqi_so2 = get_iaqi_so2(value_so2)
        iaqi_no2 = get_iaqi_no2(value_no2)
        iaqi_co = get_iaqi_co(value_co)
        iaqi_o3 = get_iaqi_o3(value_o3)
        staAqi = get_aqi(iaqi_pm25, iaqi_pm10, iaqi_so2, iaqi_no2, iaqi_co, iaqi_o3)
        aqi_class = get_aqi_class(staAqi)
        lst = [staCode, value_pm25, value_pm10, value_so2, value_no2, value_co,
        value_o3, iaqi_pm25, iaqi_pm10, iaqi_so2, iaqi_no2, iaqi_co, iaqi_o3,
        staAqi, aqi_class, value_u, value_v]
        newData.append(lst)
```

```
            return newData

    def sortAQI(dct) :
        sortedDct = {}
        returnDct = {}
        sortedLst = list(dct.items())
        sortedLst.sort(key = lambda x : x[1], reverse = True)
        for item in sortedLst :
            staCode, staAqi = item[0], item[1]
            sortedDct[staCode] = staAqi
        returnDct = {'name' : list(sortedDct.keys()), 'value' : list(sortedDct.values())}
        return returnDct

    def countAQI(barData) :
        pieData = []
        count_A = 0
        count_B = 0
        count_C = 0
        count_D = 0
        count_E = 0
        count_F = 0
        aqi_values = barData['value']
        for item in aqi_values :
            if 0 <= item <= 50 :
                count_A += 1
            if 51 <= item <= 100 :
                count_B += 1
            if 101 <= item <= 150 :
                count_C += 1
            if 151 <= item <= 200 :
                count_D += 1
            if 201 <= item <= 300 :
                count_E += 1
            if item > 301 :
                count_F += 1
        pieData = [{'name': '优', 'value': [0, count_A]}, {'name': '良', 'value': [51,
        count_B]},{'name': '轻度污染', 'value': [101, count_C]},{'name': '中度污染',
        'value': [151, count_D]},{'name': '重度污染', 'value': [201, count_E]}]
        return pieData

    def getGaugeJSON(data):
        returnDct = {}
        dct = {}
        for station in data[0 : 34] :
            staCode = station[0]
            staAqi = station[-4]
            dct[staCode] = staAqi
        sortedDct = sortAQI(dct)
        gaugeData = {}
        gaugeData['name'] = [sortedDct['name'][-1], sortedDct['name'][0]]
```

```python
        gaugeData['value'] = [sortedDct['value'][-1], sortedDct['value'][0]]
        returnDct['day01'] = gaugeData
        for station in data[34 : 68] :
            staCode = station[0]
            staAqi = station[-4]
            dct[staCode] = staAqi
        sortedDct = sortAQI(dct)
        gaugeData = {}
        gaugeData['name'] = [sortedDct['name'][-1], sortedDct['name'][0]]
        gaugeData['value'] = [sortedDct['value'][-1], sortedDct['value'][0]]
        returnDct['day02'] = gaugeData
        for station in data[68 : 102] :
            staCode = station[0]
            staAqi = station[-4]
            dct[staCode] = staAqi
        sortedDct = sortAQI(dct)
        gaugeData = {}
        gaugeData['name'] = [sortedDct['name'][-1], sortedDct['name'][0]]
        gaugeData['value'] = [sortedDct['value'][-1], sortedDct['value'][0]]
        returnDct['day03'] = gaugeData
        return json.dumps(returnDct, ensure_ascii = False)

def getScatter3DJSON(data):
    returnDct = {}
    aqi_uv = []
    for station in data :
        value_u = station[-2]
        value_v = station[-1]
        staAqi = station[-4]
        lst = [value_u, value_v, staAqi]
        aqi_uv.append(lst)
    returnDct['day01'] = aqi_uv[0 : 34]
    returnDct['day02'] = aqi_uv[34 : 68]
    returnDct['day03'] = aqi_uv[68 : 102]
    return json.dumps(returnDct, ensure_ascii = False)

def getBarJSON(data):
    returnDct = {}
    dct = {}
    for station in data[0 : 34] :
        staCode = station[0]
        staAqi = station[-4]
        dct[staCode] = staAqi
    barData = sortAQI(dct)
    pieData = countAQI(barData)
    returnDct['day01'] = barData
    returnDct['day01']['pie'] = pieData
    for station in data[34 : 68] :
        staCode = station[0]
        staAqi = station[-4]
```

```
            dct[staCode] = staAqi
        barData = sortAQI(dct)
        pieData = countAQI(barData)
        returnDct['day02'] = barData
        returnDct['day02']['pie'] = pieData
        for station in data[68 : 102] :
            staCode = station[0]
            staAqi = station[-4]
            dct[staCode] = staAqi
        barData = sortAQI(dct)
        pieData = countAQI(barData)
        returnDct['day03'] = barData
        returnDct['day03']['pie'] = pieData
        return json.dumps(returnDct, ensure_ascii = False)

    def getRadarJSON(data):
        returnDct = {}
        lst = []
        for station in data :
            dct = {}
            staCode = station[0]
            iaqi_pm25 = station[7]
            iaqi_pm10 = station[8]
            iaqi_so2 = station[9]
            iaqi_no2 = station[10]
            iaqi_co = station[11]
            iaqi_o3 = station[12]
            staAqi = station[13]
            dct['name'] = staCode
            dct['value'] = [staAqi, iaqi_pm25, iaqi_pm10, iaqi_so2, iaqi_no2, iaqi_co,
                iaqi_o3]
            lst.append(dct)
        returnDct['day01'] = lst[0 : 34]
        returnDct['day02'] = lst[34 : 68]
        returnDct['day03'] = lst[68 : 102]
        return json.dumps(returnDct, ensure_ascii = False)

    def getParaJSON(data):
        returnDct = {}
        lst = []
        for station in data :
            dct = {}
            staCode = station[0]
            value_pm25 = station[1]
            value_pm10 = station[2]
            value_so2 = station[3]
            value_no2 = station[4]
            value_co = station[5]
            value_o3 = station[6]
            staAqi = station[-4]
```

```
        aqi_class = station[-3]
        dct['name'] = staCode
        dct['value'] = [value_pm25, value_pm10, value_so2, value_no2, value_co,
        value_o3, staAqi, aqi_class]
        lst.append(dct)
    returnDct['day01'] = lst[0 : 34]
    returnDct['day02'] = lst[34 : 68]
    returnDct['day03'] = lst[68 : 102]
    return json.dumps(returnDct, ensure_ascii = False)
```

2）发布 JSON 数据接口

向 server.py 中添加 5 个视图函数，用于发布 JSON 数据接口。server.py 的完整内容如下：

```
from flask import Flask, render_template
from model import getData
from preprocess import transform, getRadarJSON, getGaugeJSON, getBarJSON,
getParaJSON, getScatter3DJSON


app = Flask(__name__)

@app.route('/')
def index():
    return render_template('index.html')

@app.route('/json_for_gauge')
def json_for_gauge():
    return getGaugeJSON(newData)

@app.route('/json_for_scatter3D')
def json_for_scatter3D():
    return getScatter3DJSON(newData)

@app.route('/json_for_bar')
def json_for_bar():
    return getBarJSON(newData)

@app.route('/json_for_radar')
def json_for_radar():
    return getRadarJSON(newData)

@app.route('/json_for_parallel')
def json_for_parallel():
    return getParaJSON(newData)

if __name__ == '__main__':
    sql = '''
    SELECT station,pm25,pm10,so2,no2,co,o3,abs(u),abs(v)
    FROM
    airpollution
```

```
WHERE (station = 'HI01'
OR station = 'NN01'
OR station = 'MO01'
OR station = 'HK01'
OR station = 'GZ01'
OR station = 'KM01'
OR station = 'TB01'
OR station = 'GY01'
OR station = 'FZ01'
OR station = 'CS01'
OR station = 'NC01'
OR station = 'CQ01'
OR station = 'LS01'
OR station = 'CH01'
OR station = 'WH01'
OR station = 'HZ01'
OR station = 'SH01'
OR station = 'HF01'
OR station = 'NJ01'
OR station = 'XA01'
OR station = 'ZZ01'
OR station = 'LZ01'
OR station = 'XN01'
OR station = 'JN01'
OR station = 'TY01'
OR station = 'SJZ01'
OR station = 'YI01'
OR station = 'TJ01'
OR station = 'BJ01'
OR station = 'HHHT01'
OR station = 'SY01'
OR station = 'WLMQ01'
OR station = 'CC01'
OR station = 'HRB01')
AND date in ('2018-01-01 00:00:00','2018-01-02 00:00:00','2018-01-03 00:00:00')
ORDER BY date
'''

rawData = getData(sql)
newData = transform(rawData)
app.run()
```

3）测试 JSON 数据接口

启动 Flask 开发服务器，在浏览器中检查各个数据接口页面的发布状态，方法可参考前文。

2. 数据加载与渲染

对 static/JS 目录下 gauge.js、scatter3D.js、bar.js、radar.js 和 parallel.js 脚本的内容进行动态化改造。改造后的 gauge.js 内容如下：

```
let gContainer = $("#gauge")[0]
let myGauge = echarts.init(gContainer, null, {renderer: "svg"})
let gauge_day01 = {}
let gauge_day02 = {}
let gauge_day03 = {}
$.ajax({
  url: "/json_for_gauge",
  method: "GET",
  dataType: "json",
  success: function (data) {
    gauge_day01 = data.day01;
    gauge_day02 = data.day02;
    gauge_day03 = data.day03;
    let gaugeOption = {
      baseOption: {
        timeline: {
          show: false,
          axisType: "category",
          currentIndex: 0,
          autoPlay: true,
          playInterval: 2000,
          data: ["2018-01-01", "2018-01-02", "2018-01-03"],
        },
        series: [
          {
            name: "AQI",
            type: "gauge",
            center: ["20%", "30%"],
            radius: "55%",
            min: 0,
            max: 300,
            splitNumber: 5,
            axisLine: {
              lineStyle: {
                color: [
                  [0.17, "lime"],
                  [0.33, "#fcce10"],
                  [0.5, "#e87c25"],
                  [0.67, "red"],
                  [1, "purple"],
                ],
              },
            },
            axisTick: {
              length: 8,
              lineStyle: {
                width: 2,
                color: "auto",
              },
            },
```

```
            axisLabel: {
              fontWeight: "bolder",
              fontSize: 12,
              color: "white",
            },
            splitLine: {
              length: 18,
              lineStyle: {
                width: 3,
                color: "auto",
              },
            },
            pointer: {
              itemStyle: {
                color: "auto",
              },
            },
            title: {
              textStyle: {
                fontWeight: "bold",
                fontSize: 14,
                color: "white",
              },
            },
            detail: {
              width: 54,
              height: 18,
              backgroundColor: "blue",
              borderWidth: 1,
              borderColor: "white",
              shadowColor: "white",
              shadowBlur: 5,
              offsetCenter: [0, "105%"],
              textStyle: {
                fontWeight: "bolder",
                fontSize: 18,
                color: "white",
              },
            },
          },
          {
            name: "AQI",
            type: "gauge",
            min: 0,
            max: 300,
            splitNumber: 5,
            center: ["60%", "30%"],
            radius: "55%",
            axisLine: {
              lineStyle: {
```

```
      color: [
        [0.17, "lime"],
        [0.33, "#fcce10"],
        [0.5, "#e87c25"],
        [0.67, "red"],
        [1, "purple"],
      ],
    },
  },
  axisTick: {
    length: 8,
    lineStyle: {
      width: 2,
      color: "auto",
    },
  },
  axisLabel: {
    fontWeight: "bold",
    color: 'white'
  },
  splitLine: {
    length: 18,
    lineStyle: {
      width: 3,
      color: "auto",
    },
  },
  pointer: {
    itemStyle: {
      color: "auto",
    },
  },
  title: {
    textStyle: {
      fontWeight: "bold",
      fontSize: 14,
      color: "blue",
      fontStyle: "italic",
      color: "white",
    },
    top: "105%",
  },
  detail: {
    width: 54,
    height: 18,
    backgroundColor: "blue",
    borderWidth: 1,
    borderColor: "white",
    shadowColor: "white",
    shadowBlur: 5,
```

```
            offsetCenter: [0, "105%"],
            textStyle: {
              fontWeight: "bolder",
              fontSize: 18,
              color: "white",
            },
          },
        },
      ],
    },
    options: [
      {
        series: [
          {
            data: [
              {value: gauge_day01.value[0], name: gauge_day01.name[0]},
            ],
          },
          {
            data: [
              {value: gauge_day01.value[1], name: gauge_day01.name[1]},
            ],
          },
        ],
      },
      {
        series: [
          {
            data: [
              {value: gauge_day02.value[0], name: gauge_day02.name[0]},
            ],
          },
          {
            data: [
              {value: gauge_day02.value[1], name: gauge_day02.name[1]},
            ],
          },
        ],
      },
      {
        series: [
          {
            data: [
              {value: gauge_day03.value[0], name: gauge_day03.name[0]},
            ],
          },
          {
            data: [
              {value: gauge_day03.value[1], name: gauge_day03.name[1]},
            ],
          },
```

```
          },
        ],
      },
    ],
  };
  setTimeout(() => {
    myGauge.setOption(gaugeOption);
    myGauge.hideLoading();
  }, 1000)
  },
  error: function (msg) {
    console.log(msg);
  },
})
```

修改后的 scatter3D.js 内容如下：

```
let scContainer = $("#scatter3D")[0]
let myScatter3D = echarts.init(scContainer)
let data_day01 = []
let data_day02 = []
let data_day03 = []
$.ajax({
  url: "/json_for_scatter3D",
  method: "GET",
  dataType: "json",
  success: function (data) {
    data_day01 = data.day01;
    data_day02 = data.day02;
    data_day03 = data.day03;
    let scOption = {
      baseOption: {
        timeline: {
          show: false,
          axisType: 'category',
          currentIndex: 0,
          autoPlay: true,
          playInterval: 2000,
          data: [
            '2018-01-01',
            '2018-01-02',
            '2018-01-03']
        },
        tooltip: {
          formatter: "{c0}",
        },
        visualMap: {
          type: "piecewise",
          dimension: 2,
          pieces: [
```

```
            {min: 0, max: 50, color: "lime"},
            {min: 51, max: 100, color: "#fcce10"},
            {min: 101, max: 150, color: "#e87c25"},
            {min: 151, max: 200, color: "red"},
            {min: 201, max: 300, color: "purple"},
            {min: 301, color: "brown"},
        ],
        show: false,
    },
    grid3D: {
        width: "90%",
        height: "100%",
        axisLabel: {
            textStyle: {
                fontSize: 16,
                color: "ivory",
            },
        },
    },
    xAxis3D: {
        name: "abs(u)(m/s)",
        nameTextStyle: {
            fontWeight: "Bold",
            fontSize: 16,
            color: "ivory",
        },
    },
    yAxis3D: {
        name: "abs(v)(m/s)",
        nameTextStyle: {
            fontWeight: "Bold",
            fontSize: 16,
            color: "ivory",
        },
    },
    zAxis3D: {
        name: "AQI",
        nameTextStyle: {
            fontWeight: "Bold",
            fontSize: 16,
            color: "ivory",
        },
        nameGap: 30,
    },
    series: [
        {
            name: "AQI",
            type: "scatter3D",
        },
    ],
```

```
        },
      options: [
        {
          series: [
            {
              data: data_day01,
            },
          ],
        },
        {
          series: [
            {
              data: data_day02,
            },
          ],
        },
        {
          series: [
            {
              data: data_day03,
            },
          ],
        },
      ],
    }
    setTimeout(() => {
      myScatter3D.setOption(scOption)
      myScatter3D.hideLoading()
    }, 1000)
  },
  error: function (msg) {
    console.log(msg);
  },
})
```

改造后的 bar.js 内容如下：

```
let barContainer = document.getElementById("bar");
let myBar = echarts.init(barContainer, null, {renderer: "svg"});
myBar.showLoading({
  text: "加载中",
  color: "#c23531",
  textColor: "#c23531",
  maskColor: "black",
  fontSize: 18,
  fontFamily: "黑体",
});
let bar_day01 = {};
let bar_day02 = {};
let bar_day03 = {};
```

```
$.ajax({
  url: "/json_for_bar",
  method: "GET",
  dataType: "json",
  success: function (data) {
    bar_day01 = data.day01;
    bar_day02 = data.day02;
    bar_day03 = data.day03;
    let barOption = {
      baseOption: {
        timeline: {
          axisType: "category",
          currentIndex: 0,
          autoPlay: true,
          playInterval: 2000,
          left: "5%",
          right: "25%",
          bottom: "2%",
          lineStyle: {
            color: "ivory",
          },
          label: {
            color: "lightgray",
            fontSize: 18,
          },
          itemStyle: {
            color: "ivory",
          },
          checkpointStyle: {
            borderColor: "ivory",
          },
          controlStyle: {
            show: false,
          },
          progress: {
            label: {
              color: "ivory",
              fontSize: 18,
              fontWeight: "bolder",
            },
          },
          data: ["2018-01-01", "2018-01-02", "2018-01-03"],
        },
        title: {
          text: "空气质量监测数据可视化平台",
          textStyle: {
            color: "ivory",
            fontSize: 32,
          },
          left: "15%",
```

```
      top: "1%",
    },
    tooltip: {
      trigger: "item",
    },
    grid: {
      top: "10%",
      left: "17%",
      width: "55%",
      height: "80%",
      containLabel: true,
    },
    xAxis: {
      show: false,
      axisLabel: {
        interval: 0,
        color: "lightgray",
        fontSize: 18,
      },
    },
    yAxis: {
      axisLabel: {
        interval: 0,
        color: "lightgray",
        fontSize: 18,
      },
      data: bar_day01.name,
    },
    visualMap: {
      type: "piecewise",
      dimension: 0,
      pieces: [
        {min: 0, max: 50, color: "lime"},
        {min: 51, max: 100, color: "#fcce10"},
        {min: 101, max: 150, color: "#e87c25"},
        {min: 151, max: 200, color: "red"},
        {min: 201, max: 300, color: "purple"},
        {min: 301, color: "brown"},
      ],
      left: "57%",
      bottom: "23%",
      itemWidth: 25,
      itemHeight: 25,
      textStyle: {
        color: "ivory",
        fontSize: 16,
      },
    },
    series: [
      {
```

```
        name: "AQI",
        type: "bar",
        label: {
          show: true,
          position: "insideRight",
        },
      },
      {
        name: "分类汇总",
        type: "pie",
        center: ["53%", "23%"],
        radius: ["10%", "20%"],
        roseType: "area",
        encode: {
          value: 1,
        },
        tooltip: {
          formatter: "{b} : {d}%",
        },
        emphasis: {
          focus: "self",
        },
        label: {
          fontSize: 18,
          fontWeight: "bold",
          color: "auto",
        },
      },
    ],
  },
  options: [
    {
      series: [
        {
          data: bar_day01.value,
        },
        {
          data: bar_day01.pie,
        },
      ],
    },
    {
      yAxis: {
        data: bar_day02.name,
      },
      series: [
        {
          data: bar_day02.value,
        },
        {
```

```
                data: bar_day02.pie,
              },
            ],
          },
          {
            yAxis: {
              data: bar_day03.name,
            },
            series: [
              {
                data: bar_day03.value,
              },
              {
                data: bar_day03.pie,
              },
            ],
          },
        ],
      };
      setTimeout(() =>{
        myBar.setOption(barOption);
        myBar.hideLoading();
      }, 1000);
    },
    error: function (msg) {
      console.log(msg);
    },
});
```

改造后的 radar.js 内容如下：

```
let rdContainer = document.getElementById("radar");
let myRadar = echarts.init(rdContainer, null, {renderer: "svg"});
let radar_day01 = {};
let radar_day02 = {};
let radar_day03 = {};
$.ajax({
  url: "/json_for_radar",
  method: "GET",
  dataType: "json",
  success: function (data) {
    radar_day01 = data.day01;
    radar_day02 = data.day02;
    radar_day03 = data.day03;
    let rdOption = {
      baseOption: {
        timeline: {
          show: false,
          axisType: "category",
          currentIndex: 0,
```

```
        autoPlay: true,
        playInterval: 2000,
        data: ["2018-01-01", "2018-01-02", "2018-01-03"],
      },
      radar: [
        {
          indicator: [
            {text: "AQI", max: 300},
            {text: "IAQI_PM2.5", max: 300},
            {text: "IAQI_PM10", max: 300},
            {text: "IAQI_SO2", max: 300},
            {text: "IAQI_NO2", max: 300},
            {text: "IAQI_CO", max: 300},
            {text: "IAQI_O3", max: 300},
          ],
          center: ["45%", "40%"],
          radius: 100,
          startAngle: 90,
          splitNumber: 5,
          shape: "circle",
          axisName: {
            formatter: "{value}",
            color: "ivory",
            fontSize: 16,
            fontWeight: "bold",
          },
          splitLine: {
            lineStyle: {
              color: [
                "rgba(254, 248, 239, 1)",
                "rgba(254, 248, 239, 0.8)",
                "rgba(254,248, 239, 0.6)",
                "rgba(254,248, 239, 0.4)",
                "rgba(254,248, 239, 0.2)",
                "rgba(254,248, 239, 0.1)",
              ],
            },
          },
          splitArea: {
            show: false,
          },
          axisLine: {
            lineStyle: {
              color: "rgba(238, 197, 102, 0.5)",
            },
          },
        },
      ],
      visualMap: {
        show: false,
```

```
          type: "piecewise",
          dimension: 0,
          pieces: [
            {min: 0, max: 50, color: "lime"},
            {min: 51, max: 100, color: "#fcce10"},
            {min: 101, max: 150, color: "#e87c25"},
            {min: 151, max: 200, color: "red"},
            {min: 201, max: 300, color: "purple"},
            {min: 301, color: "brown"},
          ],
      },
    tooltip: {},
    series: [
        {
          type: "radar",
          symbol: "none",
          lineStyle: {
            width: 2,
          },
          emphasis: {
            lineStyle: {
              width: 4,
            },
          },
        },
    ],
  },
  options: [
    {
      series: [
        {
          data: radar_day01,
        },
      ],
    },
    {
      series: [
        {
          data: radar_day02,
        },
      ],
    },
    {
      series: [
        {
          data: radar_day03,
        },
      ],
    },
  ],
```

```
    };
    setTimeout(() =>{
      myRadar.setOption(rdOption);
      myRadar.hideLoading();
    }, 1000);
  },
  error: function (msg) {
    console.log(msg);
  },
});
```

改造后的 parallel.js 内容如下：

```
let paraContainer = document.getElementById("parallel");
let myParallel = echarts.init(paraContainer, null, {renderer: "svg"});
let para_day01 = {};
let para_day02 = {};
let para_day03 = {};
$.ajax({
  url: "/json_for_parallel",
  method: "GET",
  dataType: "json",
  success: function (data) {
    para_day01 = data.day01;
    para_day02 = data.day02;
    para_day03 = data.day03;
    let paraOption = {
      baseOption: {
        timeline: {
          show: false,
          axisType: "category",
          currentIndex: 0,
          autoPlay: true,
          playInterval: 2000,
          data: ["2018-01-01", "2018-01-02", "2018-01-03"],
        },
        parallel: {
          left: "3%",
          top: "25%",
          bottom: "20%",
          parallelAxisDefault: {
            nameLocation: "start",
            nameTextStyle: {
              color: "ivory",
              fontSize: 14,
              fontWeight: "bold",
            },
            nameGap: 20,
            splitNumber: 5,
            axisLine: {
```

```
            lineStyle: {
              color: "lightgray",
            },
          },
          axisTick: {
            lineStyle: {
              color: "lightgray",
            },
          },
          axisLabel: {
            color: "lightgray",
            fontSize: 16,
          },
        },
      },
      parallelAxis: [
        {
          dim: 6,
          name: "AQI",
          min: 0,
          max: 350,
        },
        {
          dim: 0,
          name: "PM2.5",
          min: 0,
          max: 300,
        },
        {
          dim: 1,
          name: "PM10",
          min: 0,
          max: 400,
        },
        {
          dim: 2,
          name: "SO2",
          min: 0,
          max: 60,
        },
        {
          dim: 3,
          name: "NO2",
          min: 0,
          max: 100,
        },
        {
          dim: 4,
          name: "CO",
          min: 0,
```

```
          max: 4,
        },
        {
          dim: 5,
          name: "O3",
          min: 0,
          max: 100,
        },
        {
          dim: 7,
          type: "category",
          name: "类别",
          data: ["优", "良", "轻度污染", "中度污染", "重度污染", "严重污染"],
        },
      ],
      visualMap: {
        show: false,
        type: "piecewise",
        dimension: 6,
        pieces: [
          {min: 0, max: 50, color: "lime"},
          {min: 51, max: 100, color: "#fcce10"},
          {min: 101, max: 150, color: "#e87c25"},
          {min: 151, max: 200, color: "red"},
          {min: 201, max: 300, color: "purple"},
          {min: 301, color: "brown"},
        ],
      },
      tooltip: {},
      series: [
        {
          name: "AQI",
          type: "parallel",
          lineStyle: {
            width: 2,
            opacity: 0.8,
          },
          smooth: true,
        },
      ],
    },
    options: [
      {
        series: [
          {
            data: para_day01,
          },
        ],
      },
      {
```

```
        series: [
          {
            data: para_day02,
          },
        ],
      },
      {
        series: [
          {
            data: para_day03,
          },
        ],
      },
    ],
  };
  setTimeout(() =>{
    myParallel.setOption(paraOption);
    myParallel.hideLoading();
  }, 1000);
},
error: function (msg) {
  console.log(msg);
},
});
```

14.4.3 大屏展示

运行 server.py，启动 Flask 开发服务器，在浏览器中访问 URL"http://127.0.0.1：5000/"，将看到图 14.4 所示的页面效果。

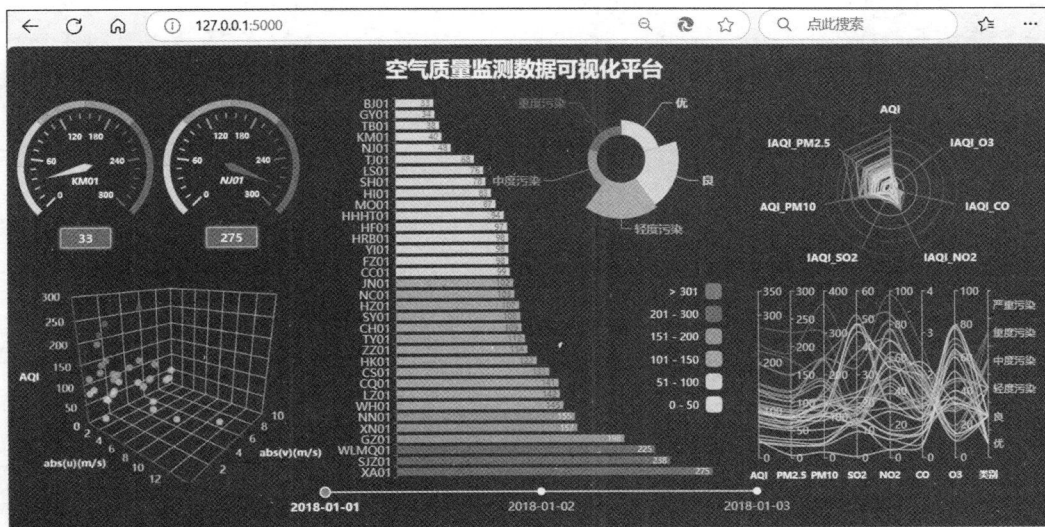

图 14.4 动态数据大屏

本章小结

　　本章以"空气质量监测数据可视化平台"为例,详细介绍了数据大屏的设计与制作方法。通过本章的学习,读者应了解数据大屏的概念、特点和应用场景,了解数据大屏设计的一般原则和流程,掌握数据大屏设计的基本方法,掌握利用 Web 前端开发技术制作静态数据大屏的方法,掌握综合利用 Web 前后端开发技术制作动态数据大屏的方法,为设计开发数据大屏软件产品奠定技术基础。

习题 14

扫一扫

习题

扫一扫

自测题

参 考 文 献

［1］ 陈为. 数据可视化［M］. 3 版. 北京：电子工业出版社,2023.

［2］ 黑马程序员. Python Web 开发项目教程 Flask 版［M］. 北京：人民邮电出版社,2023.

［3］ 黑马程序员. HTML＋CSS＋JavaScript 网页制作案例教程［M］. 2 版. 北京：人民邮电出版社,2021.

［4］ 范路桥,张良均. Web 数据可视化(ECharts 版)［M］. 北京：人民邮电出版社,2021.

［5］ 刘文军,胡霞,宋学永. 大数据可视化应用开发［M］. 北京：中国铁道出版社,2020.

［6］ HJ 633—2012,环境空气质量指数(AQI)技术规定(试行),2012.

［7］ Lei Kong，Xiao Tang，Jiang Zhu，et al. A 6-year-long（2013-2018）highresolution air quality reanalysis dataset in China based on the assimilation of surface observations from CNEMC［J］. Earth System Science Data,2020,13(2)：529-570.

图 书 资 源 支 持

感谢您一直以来对清华版图书的支持和爱护。为了配合本书的使用,本书提供配套的资源,有需求的读者请扫描下方的"书圈"微信公众号二维码,在图书专区下载,也可以拨打电话或发送电子邮件咨询。

如果您在使用本书的过程中遇到了什么问题,或者有相关图书出版计划,也请您发邮件告诉我们,以便我们更好地为您服务。

我们的联系方式:

清华大学出版社计算机与信息分社网站: https://www.shuimushuhui.com/

地　　址: 北京市海淀区双清路学研大厦 A 座 714

邮　　编: 100084

电　　话: 010-83470236　010-83470237

客服邮箱: 2301891038@qq.com

QQ: 2301891038 (请写明您的单位和姓名)

资源下载: 关注公众号"书圈"下载配套资源。

资源下载、样书申请

图书案例

书 圈

清华计算机学堂

观看课程直播